TIMED Multiplication

Practice Tests for Numbers 0-12

by
Stacy Otillio & Frank Otillio

EMPOWERING CHILDREN
FOR A SUCCESSFUL FUTURE

Copyright © 2020 - Stacy Otillio & Frank Otillio

All rights reserved.

TABLE OF CONTENTS

Section 1 - Multiplying by: 0, 1, 2, 3
0, 1 2-4
2 5-9
3 10-14
Review (0, 1, 2, 3) 15-20

Section 2 - Multiplying by: 4, 5, 6
4 22-26
5 27-31
6 32-36
Review (4, 5, 6) 37-42

Section 3 - Multiplying by: 7, 8, 9
7 44-48
8 49-53
9 54-58
Review (7, 8, 9) 59-64

Section 4 - Multiplying by: 10, 11, 12
10, 11 66-69
12 70-76
Review (10, 11, 12) 77-82

Section 5 - Multiplying by: 0 through 12
Review (0 through 12) 84-108

Solutions
Solutions to Problems 110

SECTION 1

MULTIPLICATION DRILLS

Multiplying by 0, 1, 2, 3
- **0 & 1** (3 timed tests)
- **2** (5 timed tests)
- **3** (5 timed tests)
- **Review (0-3)** (5 timed tests)

MULTIPLY BY 0 & 1

Name _____ Date _____

Time: [ ] : [ ]   Score: [ ] /64

1) 1 × 2
2) 8 × 0
3) 1 × 1
4) 0 × 6
5) 5 × 1
6) 6 × 1
7) 3 × 1
8) 0 × 2

9) 4 × 1
10) 9 × 1
11) 2 × 1
12) 1 × 5
13) 1 × 3
14) 7 × 1
15) 0 × 1
16) 1 × 4

17) 0 × 5
18) 1 × 2
19) 0 × 0
20) 8 × 1
21) 9 × 0
22) 8 × 1
23) 2 × 1
24) 3 × 1

25) 1 × 6
26) 1 × 7
27) 1 × 1
28) 4 × 0
29) 2 × 1
30) 0 × 1
31) 1 × 4
32) 0 × 2

33) 1 × 5
34) 1 × 0
35) 6 × 1
36) 1 × 7
37) 9 × 0
38) 3 × 1
39) 1 × 0
40) 5 × 1

41) 9 × 1
42) 1 × 8
43) 1 × 3
44) 5 × 1
45) 8 × 1
46) 1 × 1
47) 1 × 7
48) 1 × 3

49) 7 × 1
50) 1 × 6
51) 1 × 1
52) 0 × 2
53) 1 × 1
54) 1 × 3
55) 1 × 8
56) 1 × 0

57) 4 × 1
58) 1 × 7
59) 0 × 5
60) 1 × 4
61) 0 × 6
62) 1 × 1
63) 2 × 0
64) 1 × 8

Timed Multiplication Drills • ClayMaze.com

MULTIPLY BY 0 & 1

Name _____ Date _____

Time: ☐ : ☐   Score: ☐ /64

1) 2 ×1	2) 6 ×0	3) 1 ×4	4) 5 ×0	5) 6 ×1	6) 0 ×8	7) 5 ×1	8) 1 ×2
9) 1 ×6	10) 1 ×3	11) 1 ×1	12) 1 ×8	13) 0 ×1	14) 1 ×7	15) 0 ×1	16) 1 ×7
17) 1 ×4	18) 1 ×9	19) 4 ×1	20) 1 ×6	21) 1 ×4	22) 0 ×1	23) 1 ×1	24) 9 ×1
25) 0 ×5	26) 4 ×1	27) 0 ×7	28) 1 ×1	29) 9 ×0	30) 4 ×1	31) 0 ×2	32) 1 ×5
33) 1 ×8	34) 1 ×5	35) 1 ×2	36) 4 ×1	37) 1 ×7	38) 3 ×1	39) 4 ×1	40) 0 ×6
41) 1 ×7	42) 0 ×8	43) 1 ×1	44) 0 ×1	45) 6 ×1	46) 5 ×1	47) 1 ×2	48) 1 ×4
49) 0 ×2	50) 6 ×1	51) 1 ×8	52) 6 ×1	53) 1 ×2	54) 0 ×7	55) 4 ×1	56) 1 ×0
57) 5 ×1	58) 1 ×1	59) 1 ×4	60) 7 ×1	61) 1 ×1	62) 3 ×1	63) 0 ×6	64) 8 ×1

Timed Multiplication Drills • ClayMaze.com

MULTIPLY BY 0 & 1

Name _____   Date _____

Time: ☐ : ☐   Score: ☐ /64

1) 4 × 1
2) 1 × 1
3) 7 × 1
4) 0 × 0
5) 1 × 9
6) 0 × 7
7) 5 × 1
8) 0 × 8

9) 1 × 5
10) 0 × 8
11) 4 × 1
12) 3 × 1
13) 5 × 0
14) 2 × 1
15) 1 × 1
16) 4 × 1

17) 3 × 1
18) 1 × 7
19) 3 × 1
20) 9 × 1
21) 1 × 2
22) 1 × 6
23) 7 × 1
24) 0 × 1

25) 8 × 1
26) 1 × 9
27) 0 × 1
28) 8 × 1
29) 1 × 0
30) 1 × 7
31) 9 × 1
32) 1 × 4

33) 7 × 1
34) 0 × 5
35) 1 × 3
36) 6 × 0
37) 4 × 1
38) 1 × 1
39) 2 × 1
40) 0 × 7

41) 4 × 1
42) 7 × 1
43) 1 × 9
44) 1 × 8
45) 0 × 9
46) 3 × 1
47) 9 × 1
48) 1 × 3

49) 0 × 7
50) 3 × 1
51) 5 × 1
52) 1 × 0
53) 7 × 1
54) 0 × 0
55) 1 × 4
56) 0 × 5

57) 1 × 1
58) 2 × 0
59) 1 × 6
60) 1 × 3
61) 5 × 1
62) 1 × 1
63) 1 × 0
64) 7 × 1

Timed Multiplication Drills • ClayMaze.com

MULTIPLY BY: 2

Name _____ Date _____

Time: ☐ : ☐   Score: ☐ /64

1) 2 ×4	2) 9 ×2	3) 2 ×4	4) 2 ×1	5) 2 ×3	6) 7 ×2	7) 6 ×2	8) 9 ×2
9) 2 ×7	10) 1 ×2	11) 5 ×2	12) 2 ×7	13) 2 ×1	14) 4 ×2	15) 2 ×3	16) 0 ×2
17) 1 ×2	18) 3 ×2	19) 2 ×6	20) 0 ×2	21) 2 ×6	22) 7 ×2	23) 1 ×2	24) 7 ×2
25) 2 ×4	26) 7 ×2	27) 2 ×1	28) 2 ×2	29) 2 ×1	30) 9 ×2	31) 2 ×6	32) 5 ×2
33) 2 ×6	34) 2 ×2	35) 2 ×8	36) 2 ×3	37) 4 ×2	38) 2 ×8	39) 3 ×2	40) 2 ×7
41) 2 ×3	42) 4 ×2	43) 2 ×7	44) 8 ×2	45) 6 ×2	46) 2 ×2	47) 2 ×8	48) 2 ×2
49) 2 ×9	50) 2 ×2	51) 2 ×5	52) 2 ×7	53) 2 ×3	54) 2 ×1	55) 2 ×4	56) 6 ×2
57) 7 ×2	58) 2 ×6	59) 3 ×2	60) 4 ×2	61) 2 ×1	62) 7 ×2	63) 2 ×8	64) 2 ×7

Timed Multiplication Drills • ClayMaze.com

MULTIPLY BY: 2

Name _____ Date _____

Time: ☐:☐   Score: ☐/64

1) 7 ×2
2) 6 ×2
3) 2 ×8
4) 4 ×2
5) 8 ×2
6) 5 ×2
7) 2 ×2
8) 2 ×6

9) 2 ×8
10) 2 ×5
11) 2 ×1
12) 5 ×2
13) 2 ×6
14) 2 ×2
15) 2 ×5
16) 4 ×2

17) 6 ×2
18) 2 ×7
19) 2 ×4
20) 2 ×2
21) 3 ×2
22) 4 ×2
23) 2 ×2
24) 5 ×2

25) 4 ×2
26) 8 ×2
27) 1 ×2
28) 2 ×9
29) 2 ×5
30) 2 ×0
31) 6 ×2
32) 2 ×3

33) 2 ×9
34) 2 ×3
35) 9 ×2
36) 2 ×2
37) 7 ×2
38) 2 ×2
39) 7 ×2
40) 1 ×2

41) 4 ×2
42) 2 ×9
43) 2 ×6
44) 2 ×5
45) 2 ×2
46) 8 ×2
47) 6 ×2
48) 2 ×2

49) 6 ×2
50) 4 ×2
51) 3 ×2
52) 2 ×1
53) 2 ×9
54) 3 ×2
55) 2 ×7
56) 8 ×2

57) 2 ×1
58) 2 ×6
59) 7 ×2
60) 5 ×2
61) 2 ×3
62) 2 ×1
63) 8 ×2
64) 5 ×2

Timed Multiplication Drills • ClayMaze.com

MULTIPLY BY: 2

Name _____ Date _____

Time: ☐ : ☐   Score: ☐ /64

1) 4 ×2	2) 5 ×2	3) 6 ×2	4) 4 ×2	5) 2 ×2	6) 8 ×2	7) 2 ×5	8) 0 ×2
9) 5 ×2	10) 2 ×0	11) 2 ×4	12) 2 ×3	13) 2 ×6	14) 2 ×2	15) 2 ×9	16) 2 ×2
17) 6 ×2	18) 3 ×2	19) 2 ×2	20) 2 ×7	21) 2 ×3	22) 2 ×4	23) 2 ×3	24) 2 ×1
25) 2 ×2	26) 6 ×2	27) 1 ×2	28) 8 ×2	29) 5 ×2	30) 2 ×2	31) 6 ×2	32) 7 ×2
33) 9 ×2	34) 5 ×2	35) 2 ×4	36) 1 ×2	37) 2 ×2	38) 2 ×2	39) 7 ×9	40) 2 ×2
41) 2 ×4	42) 6 ×2	43) 1 ×2	44) 6 ×2	45) 2 ×7	46) 5 ×2	47) 2 ×4	48) 5 ×2
49) 2 ×9	50) 3 ×2	51) 2 ×5	52) 9 ×2	53) 2 ×6	54) 3 ×2	55) 2 ×9	56) 2 ×2
57) 7 ×2	58) 2 ×4	59) 2 ×8	60) 1 ×2	61) 4 ×2	62) 2 ×1	63) 2 ×3	64) 6 ×2

Timed Multiplication Drills • ClayMaze.com

MULTIPLY BY: 2

Name _____ Date _____

Time: ☐ : ☐   Score: ☐ /64

1) 1 × 2
2) 5 × 2
3) 6 × 2
4) 1 × 2
5) 0 × 2
6) 8 × 2
7) 6 × 2
8) 2 × 8

9) 2 × 3
10) 0 × 2
11) 2 × 8
12) 2 × 5
13) 2 × 2
14) 2 × 3
15) 4 × 2
16) 2 × 1

17) 2 × 2
18) 3 × 2
19) 2 × 5
20) 2 × 6
21) 8 × 2
22) 7 × 2
23) 2 × 9
24) 2 × 6

25) 2 × 1
26) 7 × 2
27) 2 × 4
28) 9 × 2
29) 7 × 2
30) 1 × 2
31) 2 × 7
32) 2 × 4

33) 2 × 6
34) 9 × 2
35) 2 × 8
36) 2 × 1
37) 5 × 2
38) 2 × 9
39) 2 × 4
40) 7 × 2

41) 8 × 2
42) 2 × 4
43) 6 × 2
44) 9 × 2
45) 2 × 3
46) 2 × 7
47) 8 × 2
48) 2 × 3

49) 2 × 7
50) 6 × 2
51) 2 × 7
52) 2 × 8
53) 2 × 4
54) 2 × 8
55) 2 × 5
56) 1 × 2

57) 2 × 3
58) 2 × 1
59) 2 × 8
60) 3 × 2
61) 1 × 2
62) 9 × 2
63) 7 × 2
64) 2 × 2

Timed Multiplication Drills • ClayMaze.com

MULTIPLY BY: 2

Name _____ Date _____

Time: ☐ : ☐   Score: ☐ /64

1) 2 ×1   2) 9 ×2   3) 2 ×5   4) 3 ×2   5) 2 ×2   6) 2 ×1   7) 8 ×2   8) 2 ×0

9) 2 ×2   10) 2 ×1   11) 2 ×8   12) 2 ×4   13) 9 ×2   14) 2 ×0   15) 2 ×5   16) 2 ×8

17) 2 ×9   18) 5 ×2   19) 4 ×2   20) 3 ×2   21) 2 ×8   22) 6 ×2   23) 2 ×2   24) 5 ×2

25) 2 ×1   26) 4 ×2   27) 2 ×2   28) 2 ×8   29) 2 ×9   30) 2 ×5   31) 2 ×9   32) 2 ×2

33) 6 ×2   34) 8 ×2   35) 2 ×6   36) 2 ×2   37) 2 ×5   38) 2 ×9   39) 7 ×2   40) 2 ×3

41) 4 ×2   42) 9 ×2   43) 7 ×2   44) 2 ×8   45) 1 ×2   46) 7 ×2   47) 2 ×4   48) 5 ×2

49) 1 ×2   50) 2 ×2   51) 1 ×2   52) 2 ×5   53) 2 ×8   54) 2 ×2   55) 2 ×8   56) 2 ×6

57) 8 ×2   58) 2 ×3   59) 2 ×7   60) 1 ×2   61) 3 ×2   62) 2 ×7   63) 4 ×2   64) 2 ×2

Timed Multiplication Drills • ClayMaze.com

MULTIPLY BY: 3

Name _____ Date _____

Time: ☐ : ☐   Score: ☐ /64

1) 3 ×0	2) 3 ×3	3) 3 ×7	4) 6 ×3	5) 3 ×3	6) 1 ×3	7) 3 ×3	8) 9 ×3
9) 3 ×4	10) 8 ×3	11) 3 ×0	12) 9 ×3	13) 3 ×2	14) 6 ×3	15) 3 ×7	16) 6 ×3
17) 3 ×8	18) 3 ×3	19) 3 ×8	20) 7 ×3	21) 3 ×9	22) 3 ×3	23) 3 ×8	24) 3 ×9
25) 3 ×3	26) 3 ×6	27) 5 ×3	28) 6 ×3	29) 3 ×7	30) 1 ×3	31) 9 ×3	32) 3 ×5
33) 3 ×8	34) 9 ×3	35) 0 ×3	36) 7 ×3	37) 4 ×3	38) 3 ×9	39) 3 ×7	40) 3 ×0
41) 6 ×3	42) 5 ×3	43) 3 ×6	44) 3 ×1	45) 3 ×3	46) 3 ×7	47) 4 ×3	48) 6 ×3
49) 7 ×3	50) 3 ×8	51) 9 ×3	52) 3 ×6	53) 1 ×3	54) 2 ×3	55) 0 ×3	56) 3 ×3
57) 3 ×5	58) 1 ×3	59) 3 ×0	60) 3 ×2	61) 3 ×8	62) 7 ×3	63) 3 ×3	64) 7 ×3

Timed Multiplication Drills • ClayMaze.com

MULTIPLY BY: 3

Name _____ Date _____

Time: ☐ : ☐   Score: ☐ /64

1) 3 ×4
2) 3 ×6
3) 3 ×1
4) 3 ×8
5) 3 ×3
6) 5 ×3
7) 7 ×3
8) 0 ×3

9) 3 ×5
10) 3 ×3
11) 6 ×3
12) 3 ×1
13) 0 ×3
14) 4 ×3
15) 3 ×9
16) 7 ×3

17) 1 ×3
18) 6 ×3
19) 3 ×3
20) 8 ×3
21) 2 ×3
22) 7 ×3
23) 3 ×2
24) 5 ×3

25) 4 ×3
26) 3 ×1
27) 3 ×2
28) 3 ×3
29) 0 ×3
30) 1 ×3
31) 7 ×3
32) 3 ×6

33) 3 ×0
34) 2 ×3
35) 4 ×3
36) 1 ×3
37) 4 ×3
38) 3 ×2
39) 9 ×3
40) 3 ×8

41) 3 ×6
42) 4 ×3
43) 3 ×7
44) 8 ×3
45) 6 ×3
46) 8 ×3
47) 3 ×2
48) 3 ×3

49) 5 ×3
50) 6 ×3
51) 5 ×3
52) 3 ×4
53) 3 ×3
54) 3 ×9
55) 3 ×3
56) 3 ×7

57) 6 ×3
58) 3 ×8
59) 3 ×7
60) 3 ×5
61) 6 ×3
62) 3 ×0
63) 2 ×3
64) 4 ×3

Timed Multiplication Drills ▪ ClayMaze.com

MULTIPLY BY: 3

Name _____ Date _____

Time: [   ] : [   ]   Score: [   ] /64

1) 7 ×3	2) 3 ×8	3) 5 ×3	4) 1 ×3	5) 3 ×3	6) 5 ×3	7) 3 ×4	8) 3 ×7
9) 3 ×6	10) 3 ×3	11) 7 ×3	12) 3 ×3	13) 8 ×3	14) 9 ×3	15) 3 ×1	16) 3 ×9
17) 3 ×3	18) 8 ×3	19) 2 ×3	20) 9 ×3	21) 7 ×3	22) 3 ×3	23) 5 ×3	24) 3 ×3
25) 3 ×0	26) 3 ×7	27) 3 ×3	28) 0 ×3	29) 6 ×3	30) 4 ×3	31) 3 ×3	32) 3 ×7
33) 5 ×3	34) 3 ×4	35) 3 ×8	36) 6 ×3	37) 8 ×3	38) 0 ×3	39) 6 ×3	40) 3 ×0
41) 3 ×2	42) 3 ×3	43) 3 ×1	44) 3 ×7	45) 9 ×3	46) 6 ×3	47) 3 ×3	48) 5 ×3
49) 1 ×3	50) 2 ×3	51) 9 ×3	52) 3 ×6	53) 1 ×3	54) 3 ×8	55) 2 ×3	56) 6 ×3
57) 3 ×8	58) 7 ×3	59) 8 ×3	60) 1 ×3	61) 3 ×7	62) 3 ×3	63) 4 ×3	64) 1 ×3

Timed Multiplication Drills • ClayMaze.com

MULTIPLY BY: 3

Name _____ Date _____

Time: ☐ : ☐   Score: ☐ /64

1) 5 ×3	2) 3 ×6	3) 3 ×4	4) 5 ×3	5) 2 ×3	6) 7 ×3	7) 3 ×5	8) 3 ×0
9) 3 ×8	10) 7 ×3	11) 3 ×0	12) 7 ×3	13) 3 ×1	14) 3 ×3	15) 3 ×4	16) 3 ×1
17) 2 ×3	18) 3 ×3	19) 4 ×3	20) 3 ×3	21) 3 ×2	22) 6 ×3	23) 2 ×3	24) 8 ×3
25) 9 ×3	26) 3 ×4	27) 3 ×2	28) 3 ×7	29) 3 ×0	30) 9 ×3	31) 3 ×7	32) 3 ×0
33) 3 ×7	34) 3 ×3	35) 4 ×3	36) 9 ×3	37) 3 ×7	38) 3 ×4	39) 3 ×3	40) 9 ×3
41) 3 ×2	42) 6 ×3	43) 3 ×7	44) 3 ×2	45) 3 ×3	46) 9 ×3	47) 3 ×5	48) 8 ×3
49) 3 ×5	50) 1 ×3	51) 6 ×3	52) 3 ×3	53) 3 ×3	54) 3 ×6	55) 0 ×3	56) 1 ×3
57) 3 ×0	58) 4 ×3	59) 2 ×3	60) 9 ×3	61) 7 ×3	62) 3 ×3	63) 3 ×4	64) 3 ×6

Timed Multiplication Drills • ClayMaze.com

MULTIPLY BY: 3

Name _____ Date _____

Time: ☐ : ☐   Score: ☐ /64

1) 3 ×4
2) 3 ×1
3) 3 ×6
4) 3 ×9
5) 3 ×6
6) 8 ×3
7) 3 ×2
8) 3 ×3

9) 7 ×3
10) 3 ×6
11) 0 ×3
12) 6 ×3
13) 5 ×3
14) 3 ×4
15) 7 ×3
16) 2 ×3

17) 3 ×9
18) 3 ×5
19) 3 ×6
20) 3 ×9
21) 7 ×3
22) 1 ×3
23) 4 ×3
24) 8 ×3

25) 3 ×2
26) 9 ×3
27) 7 ×3
28) 3 ×2
29) 3 ×5
30) 3 ×7
31) 8 ×3
32) 4 ×3

33) 3 ×8
34) 2 ×3
35) 3 ×6
36) 9 ×3
37) 4 ×3
38) 3 ×3
39) 3 ×5
40) 9 ×3

41) 3 ×4
42) 3 ×5
43) 3 ×3
44) 3 ×5
45) 3 ×3
46) 3 ×2
47) 7 ×3
48) 4 ×3

49) 3 ×9
50) 0 ×3
51) 9 ×3
52) 1 ×3
53) 6 ×3
54) 3 ×9
55) 4 ×3
56) 9 ×3

57) 3 ×2
58) 6 ×3
59) 8 ×3
60) 3 ×7
61) 3 ×3
62) 3 ×1
63) 9 ×3
64) 3 ×3

Timed Multiplication Drills • ClayMaze.com

MULTIPLY BY: 0, 1, 2, 3

Name _____ Date _____

Time: [ ] : [ ]   Score: [ ] /64

1) 0 ×9
2) 2 ×1
3) 9 ×2
4) 6 ×0
5) 3 ×3
6) 1 ×4
7) 7 ×1
8) 3 ×6

9) 3 ×3
10) 4 ×2
11) 2 ×2
12) 8 ×3
13) 6 ×3
14) 3 ×8
15) 9 ×2
16) 7 ×3

17) 2 ×8
18) 9 ×3
19) 6 ×2
20) 9 ×3
21) 2 ×3
22) 3 ×9
23) 3 ×3
24) 0 ×8

25) 2 ×1
26) 4 ×0
27) 2 ×3
28) 5 ×3
29) 3 ×4
30) 3 ×7
31) 2 ×2
32) 9 ×2

33) 8 ×3
34) 2 ×6
35) 7 ×2
36) 2 ×9
37) 2 ×5
38) 3 ×2
39) 3 ×3
40) 2 ×4

41) 3 ×2
42) 3 ×8
43) 3 ×9
44) 4 ×3
45) 8 ×0
46) 5 ×3
47) 2 ×1
48) 9 ×2

49) 3 ×5
50) 3 ×6
51) 3 ×1
52) 3 ×9
53) 6 ×2
54) 4 ×2
55) 8 ×2
56) 5 ×2

57) 2 ×7
58) 2 ×4
59) 2 ×7
60) 6 ×3
61) 3 ×5
62) 3 ×3
63) 5 ×2
64) 2 ×3

Timed Multiplication Drills • ClayMaze.com

MULTIPLY BY: 0, 1, 2, 3

Name _____ Date _____

Time: [ ] : [ ]   Score: [ ] /64

1) 8 ×3
2) 4 ×1
3) 9 ×0
4) 4 ×2
5) 2 ×3
6) 3 ×5
7) 6 ×3
8) 1 ×3

9) 9 ×2
10) 1 ×7
11) 2 ×3
12) 2 ×7
13) 2 ×9
14) 2 ×2
15) 7 ×3
16) 3 ×6

17) 3 ×8
18) 2 ×2
19) 3 ×9
20) 2 ×2
21) 3 ×3
22) 2 ×6
23) 2 ×4
24) 3 ×0

25) 6 ×3
26) 3 ×9
27) 5 ×2
28) 4 ×3
29) 2 ×8
30) 3 ×3
31) 7 ×1
32) 5 ×2

33) 2 ×8
34) 2 ×2
35) 2 ×9
36) 3 ×7
37) 3 ×6
38) 2 ×5
39) 4 ×3
40) 3 ×3

41) 7 ×2
42) 5 ×2
43) 3 ×2
44) 3 ×6
45) 3 ×4
46) 0 ×1
47) 1 ×2
48) 3 ×5

49) 4 ×2
50) 8 ×2
51) 9 ×2
52) 4 ×3
53) 2 ×9
54) 7 ×2
55) 2 ×5
56) 2 ×3

57) 6 ×3
58) 7 ×3
59) 3 ×2
60) 3 ×8
61) 2 ×3
62) 2 ×8
63) 6 ×3
64) 4 ×2

Timed Multiplication Drills • ClayMaze.com

MULTIPLY BY: 0, 1, 2, 3

Name _____ Date _____

Time: ☐ : ☐   Score: ☐ /64

1) 4 ×2
2) 9 ×3
3) 3 ×0
4) 3 ×7
5) 5 ×0
6) 9 ×3
7) 6 ×0
8) 8 ×1

9) 2 ×1
10) 2 ×3
11) 8 ×2
12) 4 ×2
13) 8 ×2
14) 3 ×2
15) 2 ×4
16) 3 ×2

17) 6 ×2
18) 8 ×2
19) 6 ×2
20) 2 ×3
21) 2 ×4
22) 3 ×3
23) 1 ×3
24) 1 ×9

25) 2 ×0
26) 2 ×5
27) 8 ×2
28) 5 ×0
29) 6 ×2
30) 2 ×5
31) 2 ×2
32) 4 ×3

33) 3 ×8
34) 4 ×3
35) 5 ×2
36) 2 ×3
37) 2 ×5
38) 9 ×2
39) 2 ×8
40) 7 ×2

41) 2 ×3
42) 2 ×7
43) 3 ×2
44) 6 ×3
45) 3 ×2
46) 2 ×1
47) 3 ×5
48) 1 ×8

49) 9 ×1
50) 0 ×6
51) 3 ×7
52) 3 ×3
53) 2 ×5
54) 2 ×7
55) 3 ×2
56) 3 ×7

57) 3 ×2
58) 7 ×2
59) 9 ×3
60) 2 ×5
61) 2 ×4
62) 5 ×2
63) 2 ×2
64) 6 ×3

Timed Multiplication Drills • ClayMaze.com

MULTIPLY BY: 0, 1, 2, 3

Name _____ Date _____

Time: ☐ : ☐   Score: ☐ /64

1) 2 ×3	2) 1 ×7	3) 9 ×0	4) 2 ×2	5) 1 ×3	6) 2 ×0	7) 6 ×3	8) 3 ×4
9) 9 ×2	10) 2 ×3	11) 2 ×5	12) 8 ×3	13) 3 ×6	14) 2 ×8	15) 4 ×3	16) 2 ×2
17) 3 ×7	18) 2 ×8	19) 2 ×3	20) 3 ×4	21) 3 ×7	22) 2 ×2	23) 3 ×3	24) 6 ×1
25) 5 ×0	26) 3 ×1	27) 0 ×2	28) 3 ×8	29) 3 ×4	30) 3 ×3	31) 5 ×2	32) 2 ×2
33) 9 ×2	34) 7 ×3	35) 3 ×6	36) 2 ×5	37) 6 ×3	38) 8 ×2	39) 3 ×3	40) 6 ×2
41) 3 ×5	42) 8 ×3	43) 3 ×3	44) 4 ×3	45) 3 ×3	46) 0 ×4	47) 7 ×1	48) 2 ×3
49) 3 ×1	50) 3 ×9	51) 2 ×2	52) 8 ×2	53) 2 ×2	54) 3 ×5	55) 2 ×9	56) 5 ×2
57) 3 ×9	58) 3 ×2	59) 2 ×4	60) 2 ×5	61) 4 ×2	62) 2 ×2	63) 3 ×4	64) 6 ×3

Timed Multiplication Drills • ClayMaze.com

MULTIPLY BY: 0, 1, 2, 3

Name _____ Date _____

Time: ☐ : ☐   Score: ☐ /64

1) 2 ×5
2) 3 ×0
3) 1 ×8
4) 0 ×1
5) 7 ×2
6) 3 ×2
7) 9 ×3
8) 2 ×4

9) 7 ×2
10) 2 ×3
11) 9 ×2
12) 3 ×7
13) 9 ×3
14) 6 ×3
15) 2 ×3
16) 2 ×8

17) 9 ×2
18) 3 ×3
19) 3 ×7
20) 2 ×2
21) 7 ×3
22) 5 ×2
23) 3 ×8
24) 2 ×7

25) 0 ×1
26) 2 ×9
27) 2 ×6
28) 2 ×7
29) 3 ×3
30) 4 ×3
31) 2 ×3
32) 3 ×4

33) 7 ×2
34) 2 ×5
35) 9 ×3
36) 5 ×3
37) 8 ×2
38) 3 ×7
39) 2 ×6
40) 2 ×8

41) 4 ×2
42) 9 ×2
43) 3 ×4
44) 3 ×9
45) 2 ×0
46) 3 ×8
47) 2 ×2
48) 4 ×3

49) 7 ×1
50) 2 ×2
51) 1 ×1
52) 7 ×3
53) 3 ×2
54) 3 ×6
55) 3 ×8
56) 3 ×2

57) 2 ×4
58) 2 ×6
59) 2 ×7
60) 2 ×4
61) 8 ×3
62) 2 ×2
63) 4 ×2
64) 2 ×8

Timed Multiplication Drills • ClayMaze.com

MULTIPLY BY: 0, 1, 2, 3

Name _____ Date _____

Time: ☐ : ☐   Score: ☐ /64

1) 1 ×2
2) 7 ×3
3) 3 ×6
4) 0 ×9
5) 1 ×7
6) 6 ×3
7) 4 ×2
8) 3 ×3

9) 6 ×3
10) 5 ×2
11) 3 ×4
12) 3 ×2
13) 2 ×2
14) 8 ×2
15) 3 ×2
16) 2 ×4

17) 3 ×8
18) 9 ×3
19) 2 ×5
20) 6 ×2
21) 4 ×2
22) 3 ×6
23) 2 ×5
24) 2 ×3

25) 3 ×1
26) 0 ×0
27) 2 ×7
28) 3 ×0
29) 3 ×2
30) 5 ×3
31) 8 ×2
32) 3 ×6

33) 5 ×3
34) 7 ×2
35) 8 ×3
36) 5 ×3
37) 3 ×6
38) 7 ×3
39) 6 ×2
40) 2 ×4

41) 3 ×9
42) 2 ×2
43) 4 ×3
44) 2 ×7
45) 4 ×0
46) 1 ×3
47) 9 ×3
48) 1 ×2

49) 5 ×3
50) 8 ×0
51) 3 ×3
52) 2 ×2
53) 3 ×7
54) 3 ×6
55) 3 ×8
56) 9 ×2

57) 2 ×2
58) 4 ×3
59) 2 ×3
60) 3 ×6
61) 2 ×5
62) 2 ×3
63) 3 ×6
64) 3 ×4

Timed Multiplication Drills • ClayMaze.com

SECTION 2

MULTIPLICATION DRILLS

Multiplying by 4, 5, 6
- **4** (5 timed tests)
- **5** (5 timed tests)
- **6** (5 timed tests)
- **Review (4-6)** (5 timed tests)

MULTIPLY BY: 4

Name _____ Date _____

Time: ☐ : ☐   Score: ☐ /64

1) 3 ×4	2) 4 ×6	3) 4 ×5	4) 4 ×0	5) 4 ×5	6) 4 ×3	7) 4 ×0	8) 2 ×4
9) 6 ×4	10) 9 ×4	11) 4 ×7	12) 4 ×5	13) 8 ×4	14) 9 ×4	15) 4 ×5	16) 4 ×7
17) 4 ×8	18) 4 ×7	19) 6 ×4	20) 9 ×4	21) 4 ×7	22) 4 ×6	23) 4 ×9	24) 4 ×3
25) 4 ×9	26) 0 ×4	27) 4 ×3	28) 6 ×4	29) 8 ×4	30) 4 ×0	31) 2 ×4	32) 1 ×4
33) 5 ×4	34) 7 ×4	35) 8 ×4	36) 7 ×4	37) 4 ×9	38) 8 ×4	39) 3 ×4	40) 2 ×4
41) 4 ×1	42) 4 ×3	43) 6 ×4	44) 4 ×3	45) 8 ×4	46) 1 ×4	47) 4 ×4	48) 9 ×4
49) 4 ×3	50) 4 ×9	51) 2 ×4	52) 9 ×4	53) 4 ×4	54) 4 ×6	55) 4 ×5	56) 0 ×4
57) 4 ×2	58) 4 ×6	59) 0 ×4	60) 4 ×4	61) 4 ×6	62) 4 ×4	63) 4 ×9	64) 4 ×6

MULTIPLY BY: 4

Name _____ Date _____

Time: [ ] : [ ]   Score: [ ] /64

1) 4 ×2	2) 1 ×4	3) 7 ×4	4) 9 ×4	5) 4 ×4	6) 4 ×2	7) 4 ×0	8) 3 ×4
9) 5 ×4	10) 4 ×8	11) 3 ×4	12) 4 ×8	13) 4 ×9	14) 4 ×4	15) 4 ×6	16) 4 ×7
17) 4 ×3	18) 4 ×4	19) 4 ×5	20) 9 ×4	21) 4 ×6	22) 3 ×4	23) 7 ×4	24) 4 ×2
25) 4 ×4	26) 4 ×1	27) 4 ×8	28) 3 ×4	29) 4 ×2	30) 4 ×8	31) 4 ×4	32) 5 ×4
33) 7 ×4	34) 0 ×4	35) 4 ×2	36) 4 ×4	37) 4 ×3	38) 4 ×1	39) 2 ×4	40) 7 ×4
41) 4 ×6	42) 4 ×4	43) 6 ×4	44) 7 ×4	45) 4 ×5	46) 6 ×4	47) 5 ×4	48) 9 ×4
49) 7 ×4	50) 6 ×4	51) 9 ×4	52) 2 ×4	53) 7 ×4	54) 5 ×4	55) 4 ×9	56) 4 ×1
57) 4 ×5	58) 4 ×3	59) 1 ×4	60) 4 ×6	61) 8 ×4	62) 0 ×4	63) 7 ×4	64) 6 ×4

Timed Multiplication Drills ▪ ClayMaze.com

MULTIPLY BY: 4

Name _____ Date _____

Time: ☐ : ☐   Score: ☐ /64

1) 4 ×5
2) 4 ×7
3) 6 ×4
4) 4 ×9
5) 4 ×7
6) 6 ×4
7) 4 ×8
8) 4 ×0

9) 3 ×4
10) 9 ×4
11) 4 ×1
12) 4 ×8
13) 4 ×2
14) 4 ×4
15) 5 ×4
16) 4 ×4

17) 4 ×1
18) 3 ×4
19) 5 ×4
20) 7 ×4
21) 3 ×4
22) 5 ×4
23) 9 ×4
24) 8 ×4

25) 4 ×5
26) 4 ×9
27) 4 ×0
28) 4 ×6
29) 4 ×4
30) 4 ×2
31) 4 ×4
32) 4 ×2

33) 9 ×4
34) 4 ×6
35) 4 ×4
36) 9 ×4
37) 4 ×4
38) 4 ×5
39) 6 ×4
40) 9 ×4

41) 7 ×4
42) 4 ×9
43) 1 ×4
44) 4 ×7
45) 1 ×4
46) 4 ×6
47) 7 ×4
48) 4 ×0

49) 4 ×4
50) 4 ×3
51) 5 ×4
52) 8 ×4
53) 4 ×3
54) 5 ×4
55) 2 ×4
56) 4 ×5

57) 8 ×4
58) 5 ×4
59) 4 ×4
60) 7 ×4
61) 4 ×4
62) 2 ×4
63) 4 ×4
64) 4 ×9

Timed Multiplication Drills • ClayMaze.com

MULTIPLY BY: 4

Name _____ Date _____

Time: ☐ : ☐   Score: ☐ /64

1) 7 × 4
2) 9 × 4
3) 4 × 0
4) 8 × 4
5) 4 × 6
6) 9 × 4
7) 4 × 5
8) 3 × 4

9) 9 × 4
10) 4 × 4
11) 3 × 4
12) 4 × 5
13) 8 × 4
14) 4 × 6
15) 2 × 4
16) 4 × 1

17) 4 × 5
18) 8 × 4
19) 9 × 4
20) 4 × 8
21) 4 × 1
22) 2 × 4
23) 4 × 6
24) 4 × 8

25) 2 × 4
26) 4 × 5
27) 4 × 7
28) 4 × 9
29) 4 × 2
30) 4 × 7
31) 4 × 9
32) 4 × 7

33) 9 × 4
34) 4 × 4
35) 4 × 2
36) 7 × 4
37) 4 × 8
38) 2 × 4
39) 5 × 4
40) 4 × 4

41) 4 × 3
42) 9 × 4
43) 4 × 7
44) 4 × 5
45) 2 × 4
46) 6 × 4
47) 4 × 7
48) 4 × 0

49) 2 × 4
50) 4 × 4
51) 4 × 9
52) 8 × 4
53) 3 × 4
54) 4 × 5
55) 4 × 9
56) 1 × 4

57) 4 × 4
58) 4 × 8
59) 1 × 4
60) 4 × 3
61) 4 × 7
62) 4 × 4
63) 4 × 5
64) 4 × 4

Timed Multiplication Drills • ClayMaze.com

MULTIPLY BY: 4

Name _____ Date _____

Time: ☐ : ☐   Score: ☐ /64

1) 4 ×8   2) 3 ×4   3) 4 ×9   4) 4 ×5   5) 4 ×4   6) 3 ×4   7) 4 ×6   8) 2 ×4

9) 4 ×4   10) 1 ×4   11) 4 ×5   12) 4 ×1   13) 6 ×4   14) 0 ×4   15) 2 ×4   16) 4 ×3

17) 8 ×4   18) 4 ×4   19) 7 ×4   20) 5 ×4   21) 8 ×4   22) 6 ×4   23) 9 ×4   24) 5 ×4

25) 6 ×4   26) 4 ×2   27) 3 ×4   28) 4 ×7   29) 4 ×4   30) 2 ×4   31) 4 ×4   32) 6 ×4

33) 4 ×2   34) 8 ×4   35) 1 ×4   36) 9 ×4   37) 4 ×8   38) 4 ×7   39) 4 ×9   40) 4 ×0

41) 4 ×6   42) 9 ×4   43) 4 ×2   44) 8 ×4   45) 1 ×4   46) 4 ×8   47) 3 ×4   48) 4 ×4

49) 5 ×4   50) 4 ×2   51) 5 ×4   52) 4 ×4   53) 4 ×9   54) 4 ×6   55) 8 ×4   56) 4 ×6

57) 4 ×9   58) 3 ×4   59) 4 ×7   60) 6 ×4   61) 4 ×8   62) 4 ×4   63) 4 ×7   64) 4 ×9

Timed Multiplication Drills • ClayMaze.com

MULTIPLY BY: 5

Name _____ Date _____

Time: ☐ : ☐   Score: ☐ /64

1) 5 ×3	2) 7 ×5	3) 5 ×5	4) 5 ×7	5) 5 ×4	6) 3 ×5	7) 5 ×5	8) 5 ×0
9) 5 ×4	10) 8 ×5	11) 7 ×5	12) 9 ×5	13) 3 ×5	14) 5 ×2	15) 5 ×1	16) 9 ×5
17) 2 ×5	18) 7 ×5	19) 5 ×2	20) 5 ×4	21) 6 ×5	22) 5 ×1	23) 5 ×9	24) 5 ×5
25) 9 ×5	26) 5 ×5	27) 6 ×5	28) 3 ×5	29) 5 ×2	30) 7 ×5	31) 6 ×5	32) 3 ×5
33) 7 ×5	34) 5 ×0	35) 2 ×5	36) 4 ×5	37) 5 ×6	38) 5 ×9	39) 5 ×4	40) 9 ×5
41) 2 ×5	42) 1 ×5	43) 5 ×5	44) 5 ×7	45) 5 ×2	46) 5 ×3	47) 8 ×5	48) 3 ×5
49) 5 ×8	50) 5 ×2	51) 7 ×5	52) 2 ×5	53) 5 ×7	54) 5 ×2	55) 5 ×3	56) 9 ×5
57) 4 ×5	58) 5 ×8	59) 5 ×6	60) 5 ×7	61) 9 ×5	62) 5 ×7	63) 6 ×5	64) 8 ×5

Timed Multiplication Drills ▪ ClayMaze.com

MULTIPLY BY: 5

Name _____ Date _____

Time: ☐:☐   Score: ☐ /64

1) 5 × 7
2) 3 × 5
3) 5 × 4
4) 8 × 5
5) 5 × 2
6) 5 × 9
7) 5 × 3
8) 9 × 5

9) 5 × 2
10) 5 × 9
11) 5 × 5
12) 9 × 5
13) 4 × 5
14) 5 × 8
15) 2 × 5
16) 4 × 5

17) 3 × 5
18) 4 × 5
19) 9 × 5
20) 0 × 5
21) 3 × 5
22) 5 × 4
23) 5 × 3
24) 9 × 5

25) 5 × 4
26) 5 × 3
27) 2 × 5
28) 7 × 5
29) 5 × 6
30) 1 × 5
31) 5 × 2
32) 5 × 1

33) 2 × 5
34) 5 × 5
35) 7 × 5
36) 3 × 5
37) 9 × 5
38) 6 × 5
39) 5 × 0
40) 5 × 8

41) 3 × 5
42) 5 × 2
43) 6 × 5
44) 9 × 5
45) 7 × 5
46) 5 × 8
47) 3 × 5
48) 1 × 5

49) 5 × 5
50) 5 × 3
51) 5 × 5
52) 4 × 5
53) 5 × 6
54) 5 × 3
55) 7 × 5
56) 5 × 8

57) 5 × 7
58) 1 × 5
59) 5 × 9
60) 5 × 7
61) 5 × 3
62) 5 × 4
63) 2 × 5
64) 3 × 5

Timed Multiplication Drills • ClayMaze.com

MULTIPLY BY: 5

Name _____ Date _____

Time: ☐ : ☐   Score: ☐ /64

1) 5 ×3	2) 5 ×8	3) 5 ×4	4) 1 ×5	5) 9 ×5	6) 5 ×3	7) 5 ×4	8) 5 ×8
9) 6 ×5	10) 2 ×5	11) 1 ×5	12) 5 ×0	13) 5 ×5	14) 5 ×2	15) 5 ×5	16) 5 ×6
17) 5 ×9	18) 5 ×7	19) 3 ×5	20) 9 ×5	21) 3 ×5	22) 8 ×5	23) 5 ×4	24) 9 ×5
25) 4 ×5	26) 5 ×9	27) 4 ×5	28) 5 ×5	29) 5 ×6	30) 2 ×5	31) 5 ×8	32) 3 ×5
33) 5 ×2	34) 4 ×5	35) 5 ×5	36) 5 ×0	37) 5 ×5	38) 5 ×3	39) 5 ×1	40) 5 ×8
41) 5 ×5	42) 8 ×5	43) 5 ×1	44) 4 ×5	45) 8 ×5	46) 9 ×5	47) 2 ×5	48) 5 ×5
49) 5 ×8	50) 5 ×3	51) 5 ×9	52) 5 ×7	53) 5 ×9	54) 4 ×5	55) 5 ×5	56) 2 ×5
57) 5 ×4	58) 6 ×5	59) 8 ×5	60) 9 ×5	61) 4 ×5	62) 5 ×2	63) 5 ×9	64) 7 ×5

Timed Multiplication Drills • ClayMaze.com

MULTIPLY BY: 5

Name _____ Date _____

Time: [ ] : [ ]   Score: [ ] /64

1) 8 ×5   2) 5 ×6   3) 5 ×1   4) 4 ×5   5) 5 ×5   6) 2 ×5   7) 5 ×9   8) 5 ×8

9) 5 ×5   10) 5 ×1   11) 5 ×2   12) 3 ×5   13) 5 ×0   14) 8 ×5   15) 7 ×5   16) 5 ×5

17) 5 ×4   18) 5 ×2   19) 5 ×8   20) 5 ×7   21) 5 ×2   22) 9 ×5   23) 5 ×8   24) 5 ×6

25) 3 ×5   26) 5 ×9   27) 7 ×5   28) 8 ×5   29) 5 ×4   30) 5 ×5   31) 5 ×9   32) 5 ×4

33) 5 ×6   34) 0 ×5   35) 5 ×8   36) 5 ×2   37) 5 ×8   38) 2 ×5   39) 5 ×5   40) 7 ×5

41) 5 ×5   42) 7 ×5   43) 5 ×3   44) 5 ×4   45) 2 ×5   46) 5 ×5   47) 9 ×5   48) 3 ×5

49) 1 ×5   50) 5 ×6   51) 5 ×1   52) 5 ×5   53) 6 ×5   54) 5 ×3   55) 5 ×5   56) 5 ×8

57) 5 ×6   58) 5 ×2   59) 5 ×4   60) 5 ×6   61) 5 ×5   62) 5 ×6   63) 9 ×5   64) 5 ×6

Timed Multiplication Drills • ClayMaze.com

MULTIPLY BY: 5

Name _____ Date _____

Time: ☐ : ☐   Score: ☐ /64

1) 5 ×6	2) 5 ×7	3) 5 ×4	4) 7 ×5	5) 5 ×4	6) 6 ×5	7) 0 ×5	8) 7 ×5
9) 3 ×5	10) 5 ×9	11) 5 ×6	12) 5 ×4	13) 5 ×5	14) 7 ×5	15) 5 ×2	16) 5 ×5
17) 5 ×7	18) 4 ×5	19) 5 ×1	20) 7 ×5	21) 5 ×6	22) 8 ×5	23) 5 ×5	24) 6 ×5
25) 4 ×5	26) 5 ×2	27) 7 ×5	28) 2 ×5	29) 7 ×5	30) 6 ×5	31) 5 ×3	32) 5 ×5
33) 5 ×3	34) 5 ×6	35) 4 ×5	36) 5 ×6	37) 0 ×5	38) 4 ×5	39) 5 ×2	40) 3 ×5
41) 4 ×5	42) 5 ×9	43) 7 ×5	44) 8 ×5	45) 4 ×5	46) 3 ×5	47) 9 ×5	48) 5 ×8
49) 3 ×5	50) 2 ×5	51) 3 ×5	52) 6 ×5	53) 9 ×5	54) 5 ×7	55) 2 ×5	56) 5 ×6
57) 5 ×8	58) 5 ×3	59) 1 ×5	60) 8 ×5	61) 5 ×6	62) 2 ×5	63) 5 ×7	64) 2 ×5

Timed Multiplication Drills ▪ ClayMaze.com

MULTIPLY BY: 6

Name _____ Date _____

Time: ☐ : ☐   Score: ☐ /64

1) 6 ×3
2) 2 ×6
3) 6 ×3
4) 6 ×4
5) 6 ×6
6) 6 ×2
7) 6 ×6
8) 6 ×3

9) 6 ×7
10) 6 ×9
11) 5 ×6
12) 6 ×7
13) 8 ×6
14) 4 ×6
15) 6 ×3
16) 6 ×4

17) 6 ×5
18) 7 ×6
19) 2 ×6
20) 6 ×1
21) 6 ×5
22) 6 ×0
23) 6 ×8
24) 6 ×6

25) 6 ×2
26) 6 ×3
27) 6 ×5
28) 6 ×9
29) 4 ×6
30) 6 ×7
31) 5 ×6
32) 8 ×6

33) 7 ×6
34) 6 ×2
35) 6 ×0
36) 6 ×3
37) 5 ×6
38) 6 ×1
39) 6 ×3
40) 9 ×6

41) 6 ×4
42) 6 ×6
43) 5 ×6
44) 6 ×8
45) 6 ×9
46) 5 ×6
47) 6 ×9
48) 3 ×6

49) 7 ×6
50) 3 ×6
51) 6 ×6
52) 2 ×6
53) 5 ×6
54) 6 ×2
55) 6 ×6
56) 8 ×6

57) 9 ×6
58) 6 ×5
59) 8 ×6
60) 3 ×6
61) 7 ×6
62) 3 ×6
63) 6 ×5
64) 4 ×6

Timed Multiplication Drills • ClayMaze.com

MULTIPLY BY: 6

Name _____ Date _____

Time: [ ] : [ ]   Score: [ ] /64

1) 6 ×4	2) 1 ×6	3) 6 ×0	4) 6 ×2	5) 9 ×6	6) 6 ×6	7) 3 ×6	8) 6 ×5
9) 6 ×9	10) 4 ×6	11) 6 ×3	12) 6 ×4	13) 6 ×5	14) 7 ×6	15) 2 ×6	16) 6 ×3
17) 6 ×4	18) 6 ×6	19) 2 ×6	20) 6 ×5	21) 2 ×6	22) 5 ×6	23) 6 ×9	24) 6 ×8
25) 7 ×6	26) 6 ×4	27) 7 ×6	28) 6 ×2	29) 6 ×4	30) 6 ×6	31) 6 ×7	32) 2 ×6
33) 3 ×6	34) 6 ×0	35) 6 ×6	36) 6 ×7	37) 3 ×6	38) 9 ×6	39) 3 ×6	40) 8 ×6
41) 6 ×7	42) 6 ×3	43) 9 ×6	44) 3 ×6	45) 9 ×6	46) 6 ×6	47) 5 ×6	48) 6 ×7
49) 6 ×1	50) 6 ×7	51) 6 ×5	52) 8 ×6	53) 5 ×6	54) 6 ×2	55) 6 ×7	56) 9 ×6
57) 6 ×2	58) 4 ×6	59) 6 ×7	60) 6 ×5	61) 4 ×6	62) 6 ×5	63) 2 ×6	64) 6 ×7

Timed Multiplication Drills • ClayMaze.com

MULTIPLY BY: 6

Name _____ Date _____

Time: [ ]:[ ]   Score: [ ]/64

1) 6 ×7
2) 6 ×9
3) 6 ×2
4) 9 ×6
5) 6 ×7
6) 9 ×6
7) 6 ×4
8) 8 ×6

9) 5 ×6
10) 6 ×3
11) 6 ×8
12) 0 ×6
13) 6 ×2
14) 8 ×6
15) 3 ×6
16) 7 ×6

17) 6 ×6
18) 7 ×6
19) 6 ×9
20) 6 ×2
21) 4 ×6
22) 2 ×6
23) 6 ×6
24) 6 ×8

25) 6 ×3
26) 6 ×6
27) 7 ×6
28) 5 ×6
29) 9 ×6
30) 8 ×6
31) 6 ×9
32) 3 ×6

33) 6 ×1
34) 4 ×6
35) 6 ×9
36) 2 ×6
37) 6 ×7
38) 4 ×6
39) 8 ×6
40) 6 ×7

41) 6 ×3
42) 6 ×2
43) 6 ×6
44) 6 ×0
45) 9 ×6
46) 7 ×6
47) 2 ×6
48) 6 ×1

49) 6 ×2
50) 6 ×8
51) 3 ×6
52) 6 ×6
53) 6 ×4
54) 6 ×6
55) 6 ×9
56) 6 ×6

57) 4 ×6
58) 6 ×9
59) 2 ×6
60) 6 ×5
61) 6 ×9
62) 6 ×4
63) 6 ×3
64) 9 ×6

Timed Multiplication Drills • ClayMaze.com

MULTIPLY BY: 6

Name _____ Date _____

Time: ☐ : ☐   Score: ☐ /64

1) 6 ×2	2) 6 ×9	3) 8 ×6	4) 5 ×6	5) 6 ×9	6) 6 ×1	7) 5 ×6	8) 0 ×6
9) 6 ×9	10) 2 ×6	11) 6 ×5	12) 6 ×6	13) 6 ×5	14) 6 ×4	15) 6 ×6	16) 6 ×3
17) 8 ×6	18) 6 ×3	19) 6 ×4	20) 6 ×9	21) 8 ×6	22) 6 ×6	23) 6 ×9	24) 6 ×7
25) 6 ×6	26) 9 ×6	27) 6 ×5	28) 6 ×3	29) 6 ×4	30) 6 ×9	31) 4 ×6	32) 6 ×3
33) 7 ×6	34) 1 ×6	35) 3 ×6	36) 2 ×6	37) 6 ×5	38) 6 ×4	39) 6 ×8	40) 6 ×9
41) 6 ×8	42) 2 ×6	43) 6 ×8	44) 6 ×4	45) 6 ×9	46) 6 ×0	47) 6 ×3	48) 2 ×6
49) 4 ×6	50) 6 ×9	51) 5 ×6	52) 6 ×6	53) 6 ×8	54) 4 ×6	55) 6 ×5	56) 6 ×8
57) 6 ×7	58) 4 ×6	59) 7 ×6	60) 6 ×3	61) 9 ×6	62) 6 ×6	63) 2 ×5	64) 6 ×4

Timed Multiplication Drills • ClayMaze.com

MULTIPLY BY: 6

Name _____ Date _____

Time: [ ] : [ ]   Score: [ ] /64

1) 8 ×6
2) 6 ×3
3) 4 ×6
4) 1 ×6
5) 6 ×6
6) 8 ×6
7) 5 ×6
8) 6 ×9

9) 6 ×7
10) 5 ×6
11) 7 ×6
12) 9 ×6
13) 3 ×6
14) 6 ×0
15) 6 ×6
16) 3 ×6

17) 6 ×6
18) 6 ×4
19) 6 ×3
20) 4 ×6
21) 2 ×6
22) 6 ×4
23) 9 ×6
24) 6 ×6

25) 3 ×6
26) 2 ×6
27) 6 ×5
28) 7 ×6
29) 5 ×6
30) 6 ×6
31) 6 ×7
32) 6 ×8

33) 2 ×6
34) 6 ×7
35) 3 ×6
36) 6 ×0
37) 6 ×8
38) 4 ×6
39) 6 ×1
40) 6 ×2

41) 6 ×6
42) 6 ×3
43) 6 ×8
44) 6 ×9
45) 7 ×6
46) 6 ×5
47) 7 ×6
48) 4 ×6

49) 5 ×6
50) 6 ×8
51) 6 ×6
52) 8 ×6
53) 6 ×2
54) 9 ×6
55) 4 ×6
56) 6 ×6

57) 6 ×7
58) 6 ×5
59) 6 ×4
60) 6 ×6
61) 4 ×6
62) 8 ×6
63) 6 ×6
64) 5 ×6

Timed Multiplication Drills • ClayMaze.com

MULTIPLY BY: 4, 5, 6

Name _____ Date _____

Time: [   ] : [   ]   Score: [   ] /64

1) 9 × 5
2) 5 × 7
3) 4 × 5
4) 6 × 4
5) 1 × 6
6) 0 × 6
7) 4 × 4
8) 5 × 7

9) 4 × 8
10) 3 × 6
11) 5 × 9
12) 3 × 4
13) 7 × 5
14) 4 × 3
15) 7 × 6
16) 5 × 6

17) 6 × 2
18) 6 × 4
19) 4 × 2
20) 5 × 8
21) 6 × 3
22) 6 × 6
23) 5 × 6
24) 8 × 6

25) 7 × 6
26) 3 × 6
27) 5 × 7
28) 5 × 6
29) 7 × 4
30) 6 × 3
31) 9 × 4
32) 4 × 4

33) 5 × 8
34) 4 × 6
35) 3 × 4
36) 4 × 4
37) 4 × 6
38) 0 × 4
39) 6 × 7
40) 2 × 5

41) 6 × 9
42) 6 × 7
43) 5 × 5
44) 4 × 3
45) 7 × 4
46) 4 × 6
47) 5 × 4
48) 6 × 6

49) 7 × 6
50) 2 × 5
51) 3 × 4
52) 6 × 4
53) 2 × 6
54) 4 × 5
55) 6 × 2
56) 7 × 6

57) 6 × 3
58) 6 × 6
59) 6 × 5
60) 5 × 9
61) 6 × 6
62) 8 × 5
63) 5 × 6
64) 4 × 6

Timed Multiplication Drills • ClayMaze.com

MULTIPLY BY: 4, 5, 6

Name _____ Date _____

Time: [ ] : [ ]   Score: [ ] /64

1) 2 ×6	2) 4 ×1	3) 4 ×5	4) 9 ×4	5) 5 ×3	6) 5 ×8	7) 4 ×6	8) 4 ×9
9) 6 ×4	10) 5 ×6	11) 4 ×4	12) 5 ×7	13) 6 ×0	14) 6 ×6	15) 2 ×5	16) 7 ×6
17) 6 ×5	18) 6 ×9	19) 6 ×7	20) 5 ×5	21) 5 ×4	22) 4 ×3	23) 7 ×5	24) 9 ×4
25) 3 ×6	26) 2 ×4	27) 9 ×6	28) 4 ×6	29) 6 ×6	30) 8 ×6	31) 6 ×9	32) 6 ×7
33) 5 ×2	34) 4 ×3	35) 8 ×5	36) 4 ×1	37) 4 ×7	38) 6 ×6	39) 4 ×2	40) 0 ×4
41) 9 ×6	42) 8 ×4	43) 5 ×5	44) 6 ×6	45) 6 ×2	46) 4 ×4	47) 4 ×5	48) 4 ×3
49) 7 ×4	50) 5 ×2	51) 6 ×4	52) 6 ×2	53) 7 ×4	54) 5 ×6	55) 3 ×5	56) 9 ×5
57) 5 ×6	58) 5 ×5	59) 4 ×8	60) 5 ×4	61) 6 ×5	62) 8 ×5	63) 7 ×6	64) 3 ×4

Timed Multiplication Drills • ClayMaze.com

MULTIPLY BY: 4, 5, 6

Name _____ Date _____

Time: ☐ : ☐   Score: ☐ /64

1) 3 ×5
2) 6 ×8
3) 1 ×6
4) 0 ×5
5) 4 ×7
6) 9 ×5
7) 7 ×4
8) 6 ×6

9) 4 ×4
10) 6 ×3
11) 2 ×4
12) 6 ×5
13) 2 ×5
14) 8 ×5
15) 6 ×6
16) 4 ×5

17) 6 ×9
18) 6 ×7
19) 5 ×6
20) 8 ×6
21) 4 ×9
22) 5 ×5
23) 4 ×3
24) 5 ×7

25) 5 ×6
26) 5 ×8
27) 2 ×6
28) 7 ×5
29) 3 ×6
30) 9 ×4
31) 8 ×4
32) 5 ×2

33) 5 ×4
34) 2 ×6
35) 4 ×8
36) 5 ×6
37) 4 ×4
38) 6 ×5
39) 0 ×5
40) 1 ×6

41) 3 ×6
42) 5 ×5
43) 4 ×6
44) 2 ×5
45) 5 ×4
46) 5 ×9
47) 2 ×5
48) 6 ×9

49) 5 ×5
50) 9 ×6
51) 4 ×7
52) 6 ×8
53) 4 ×2
54) 4 ×5
55) 6 ×4
56) 5 ×6

57) 3 ×6
58) 4 ×5
59) 8 ×6
60) 5 ×2
61) 6 ×9
62) 7 ×6
63) 3 ×6
64) 7 ×5

Timed Multiplication Drills • ClayMaze.com

MULTIPLY BY: 4, 5, 6

Name _____ Date _____

Time: ☐ : ☐   Score: ☐ /64

1) 5 × 2
2) 5 × 5
3) 6 × 4
4) 5 × 6
5) 1 × 6
6) 5 × 4
7) 5 × 6
8) 5 × 7

9) 0 × 6
10) 5 × 2
11) 6 × 6
12) 6 × 3
13) 8 × 6
14) 6 × 9
15) 2 × 4
16) 5 × 4

17) 6 × 7
18) 4 × 6
19) 8 × 4
20) 2 × 6
21) 5 × 3
22) 4 × 8
23) 5 × 6
24) 4 × 4

25) 6 × 5
26) 6 × 7
27) 3 × 6
28) 4 × 5
29) 4 × 4
30) 4 × 9
31) 6 × 2
32) 3 × 6

33) 9 × 5
34) 4 × 6
35) 0 × 4
36) 6 × 7
37) 5 × 1
38) 6 × 4
39) 5 × 6
40) 5 × 7

41) 8 × 5
42) 5 × 5
43) 5 × 3
44) 9 × 6
45) 4 × 5
46) 7 × 6
47) 2 × 4
48) 6 × 6

49) 9 × 6
50) 5 × 7
51) 4 × 2
52) 6 × 7
53) 5 × 2
54) 5 × 4
55) 9 × 5
56) 2 × 4

57) 5 × 8
58) 5 × 5
59) 5 × 7
60) 5 × 5
61) 6 × 7
62) 4 × 3
63) 4 × 4
64) 5 × 8

Timed Multiplication Drills • ClayMaze.com

MULTIPLY BY: 4, 5, 6

Name _____ Date _____

Time: ☐ : ☐   Score: ☐ /64

1) 4 ×6
2) 3 ×6
3) 5 ×8
4) 6 ×6
5) 5 ×3
6) 4 ×4
7) 9 ×6
8) 8 ×4

9) 4 ×1
10) 0 ×6
11) 3 ×4
12) 4 ×4
13) 6 ×7
14) 4 ×3
15) 4 ×2
16) 4 ×5

17) 9 ×4
18) 7 ×6
19) 6 ×5
20) 6 ×6
21) 4 ×4
22) 6 ×5
23) 6 ×3
24) 4 ×6

25) 6 ×8
26) 5 ×2
27) 4 ×8
28) 9 ×6
29) 4 ×6
30) 4 ×5
31) 9 ×5
32) 4 ×8

33) 5 ×3
34) 8 ×6
35) 9 ×6
36) 6 ×0
37) 5 ×6
38) 6 ×9
39) 6 ×7
40) 9 ×5

41) 4 ×4
42) 6 ×6
43) 4 ×4
44) 6 ×1
45) 7 ×4
46) 4 ×5
47) 4 ×6
48) 4 ×4

49) 8 ×5
50) 6 ×4
51) 3 ×5
52) 8 ×5
53) 5 ×9
54) 4 ×4
55) 2 ×6
56) 8 ×6

57) 5 ×9
58) 4 ×7
59) 6 ×2
60) 4 ×4
61) 5 ×4
62) 6 ×6
63) 4 ×5
64) 4 ×6

Timed Multiplication Drills • ClayMaze.com

MULTIPLY BY: 4, 5, 6

Name _____ Date _____

Time: ☐:☐   Score: ☐/64

1) 4 ×5
2) 4 ×7
3) 5 ×4
4) 6 ×0
5) 6 ×2
6) 9 ×5
7) 4 ×5
8) 4 ×1

9) 2 ×4
10) 4 ×4
11) 3 ×5
12) 4 ×4
13) 6 ×8
14) 4 ×6
15) 9 ×5
16) 4 ×5

17) 5 ×8
18) 5 ×6
19) 9 ×6
20) 6 ×8
21) 7 ×5
22) 9 ×5
23) 7 ×4
24) 6 ×4

25) 6 ×6
26) 3 ×4
27) 6 ×6
28) 6 ×9
29) 6 ×4
30) 4 ×3
31) 6 ×6
32) 4 ×2

33) 7 ×5
34) 5 ×0
35) 9 ×5
36) 5 ×7
37) 4 ×5
38) 5 ×1
39) 5 ×4
40) 6 ×6

41) 2 ×6
42) 3 ×6
43) 4 ×4
44) 4 ×2
45) 8 ×4
46) 6 ×2
47) 4 ×6
48) 8 ×4

49) 9 ×4
50) 5 ×6
51) 5 ×8
52) 9 ×5
53) 7 ×6
54) 6 ×9
55) 3 ×5
56) 2 ×6

57) 5 ×7
58) 9 ×5
59) 5 ×5
60) 2 ×4
61) 6 ×4
62) 6 ×3
63) 6 ×7
64) 4 ×6

Timed Multiplication Drills • ClayMaze.com

SECTION

MULTIPLICATION DRILLS

Multiplying by 7, 8, 9
- **7** (5 timed tests)
- **8** (5 timed tests)
- **9** (5 timed tests)
- **Review (7-9)** (5 timed tests)

ClayMaze.com

MULTIPLY BY: 7	Name _____ Date _____ Time: ☐ : ☐ Score: ☐ /64

1) 7 ×4   2) 3 ×7   3) 7 ×2   4) 7 ×5   5) 9 ×7   6) 5 ×7   7) 7 ×1   8) 7 ×6

9) 5 ×7   10) 9 ×7   11) 7 ×7   12) 2 ×7   13) 7 ×4   14) 7 ×8   15) 9 ×7   16) 7 ×7

17) 4 ×7   18) 7 ×3   19) 6 ×7   20) 7 ×3   21) 9 ×7   22) 7 ×2   23) 4 ×7   24) 2 ×7

25) 7 ×3   26) 7 ×8   27) 4 ×7   28) 7 ×6   29) 0 ×7   30) 4 ×7   31) 2 ×7   32) 3 ×7

33) 7 ×6   34) 7 ×3   35) 7 ×9   36) 3 ×7   37) 7 ×5   38) 8 ×7   39) 7 ×3   40) 4 ×7

41) 7 ×9   42) 8 ×7   43) 3 ×7   44) 7 ×7   45) 7 ×4   46) 7 ×7   47) 7 ×5   48) 6 ×7

49) 5 ×7   50) 7 ×7   51) 7 ×6   52) 4 ×7   53) 7 ×1   54) 9 ×7   55) 7 ×7   56) 7 ×2

57) 7 ×4   58) 8 ×7   59) 4 ×7   60) 7 ×3   61) 7 ×9   62) 7 ×6   63) 2 ×7   64) 7 ×6

Timed Multiplication Drills • ClayMaze.com

MULTIPLY BY: 7

Name _____ Date _____

Time: ☐ : ☐   Score: ☐ /64

1) 3 ×7	2) 7 ×8	3) 3 ×7	4) 7 ×7	5) 8 ×7	6) 7 ×5	7) 2 ×7	8) 7 ×9
9) 7 ×0	10) 2 ×7	11) 1 ×7	12) 7 ×2	13) 4 ×7	14) 7 ×7	15) 7 ×8	16) 7 ×7
17) 7 ×4	18) 7 ×9	19) 7 ×3	20) 4 ×7	21) 8 ×7	22) 7 ×3	23) 6 ×7	24) 5 ×7
25) 7 ×9	26) 7 ×8	27) 2 ×7	28) 7 ×9	29) 7 ×4	30) 7 ×1	31) 3 ×7	32) 7 ×2
33) 7 ×6	34) 4 ×7	35) 0 ×7	36) 7 ×2	37) 9 ×7	38) 7 ×2	39) 7 ×5	40) 6 ×7
41) 2 ×7	42) 9 ×7	43) 5 ×7	44) 7 ×9	45) 3 ×7	46) 7 ×4	47) 7 ×1	48) 9 ×7
49) 1 ×7	50) 2 ×7	51) 7 ×8	52) 7 ×5	53) 7 ×7	54) 7 ×9	55) 7 ×3	56) 8 ×7
57) 7 ×7	58) 7 ×3	59) 7 ×2	60) 7 ×7	61) 7 ×5	62) 3 ×7	63) 7 ×8	64) 7 ×7

Timed Multiplication Drills • ClayMaze.com

MULTIPLY BY: 7

Name _____ Date _____

Time: ☐ : ☐   Score: ☐ /64

1) 1 ×7
2) 8 ×7
3) 9 ×7
4) 6 ×7
5) 7 ×7
6) 6 ×7
7) 5 ×7
8) 7 ×3

9) 4 ×7
10) 5 ×7
11) 7 ×2
12) 7 ×3
13) 6 ×7
14) 8 ×7
15) 0 ×7
16) 7 ×5

17) 3 ×7
18) 7 ×7
19) 7 ×6
20) 4 ×7
21) 7 ×7
22) 7 ×9
23) 7 ×2
24) 8 ×7

25) 4 ×7
26) 6 ×7
27) 7 ×9
28) 7 ×3
29) 7 ×8
30) 6 ×7
31) 7 ×7
32) 7 ×5

33) 7 ×9
34) 7 ×5
35) 2 ×7
36) 8 ×7
37) 7 ×3
38) 9 ×7
39) 7 ×5
40) 7 ×4

41) 7 ×7
42) 1 ×7
43) 4 ×7
44) 7 ×2
45) 7 ×0
46) 4 ×7
47) 9 ×7
48) 6 ×7

49) 7 ×1
50) 7 ×7
51) 7 ×9
52) 5 ×7
53) 7 ×7
54) 7 ×3
55) 7 ×8
56) 9 ×7

57) 7 ×7
58) 4 ×7
59) 7 ×5
60) 7 ×4
61) 6 ×7
62) 7 ×5
63) 9 ×7
64) 7 ×3

Timed Multiplication Drills • ClayMaze.com

MULTIPLY BY: 7

Name _____ Date _____

Time: ☐ : ☐   Score: ☐ /64

1) 7 ×3
2) 7 ×4
3) 7 ×3
4) 7 ×5
5) 9 ×7
6) 7 ×0
7) 1 ×7
8) 7 ×7

9) 5 ×7
10) 7 ×9
11) 7 ×7
12) 7 ×6
13) 5 ×7
14) 6 ×7
15) 7 ×3
16) 7 ×5

17) 2 ×7
18) 3 ×7
19) 7 ×4
20) 7 ×7
21) 6 ×7
22) 7 ×8
23) 7 ×7
24) 9 ×7

25) 7 ×7
26) 9 ×7
27) 7 ×7
28) 8 ×7
29) 7 ×2
30) 7 ×9
31) 4 ×7
32) 7 ×8

33) 2 ×7
34) 7 ×4
35) 7 ×1
36) 7 ×0
37) 7 ×9
38) 7 ×6
39) 7 ×7
40) 1 ×7

41) 3 ×7
42) 2 ×7
43) 7 ×7
44) 7 ×8
45) 7 ×7
46) 7 ×9
47) 7 ×8
48) 7 ×3

49) 7 ×7
50) 3 ×7
51) 7 ×8
52) 7 ×7
53) 5 ×7
54) 8 ×7
55) 7 ×7
56) 7 ×6

57) 7 ×9
58) 7 ×7
59) 7 ×2
60) 5 ×7
61) 6 ×7
62) 2 ×7
63) 3 ×7
64) 4 ×7

Timed Multiplication Drills • ClayMaze.com

MULTIPLY BY: 7

Name _____ Date _____

Time: [ ] : [ ]   Score: [ ] /64

1) 7 ×6	2) 7 ×7	3) 2 ×7	4) 7 ×4	5) 9 ×7	6) 7 ×8	7) 6 ×7	8) 7 ×0
9) 7 ×8	10) 4 ×7	11) 8 ×7	12) 2 ×7	13) 7 ×1	14) 7 ×6	15) 7 ×7	16) 5 ×7
17) 9 ×7	18) 7 ×7	19) 4 ×7	20) 3 ×7	21) 8 ×7	22) 7 ×9	23) 7 ×4	24) 8 ×7
25) 4 ×7	26) 8 ×7	27) 3 ×7	28) 7 ×7	29) 7 ×3	30) 7 ×6	31) 9 ×7	32) 3 ×7
33) 5 ×7	34) 9 ×7	35) 5 ×7	36) 6 ×7	37) 8 ×7	38) 9 ×7	39) 6 ×7	40) 7 ×9
41) 7 ×4	42) 7 ×7	43) 4 ×7	44) 7 ×9	45) 7 ×2	46) 7 ×1	47) 7 ×7	48) 7 ×6
49) 7 ×2	50) 5 ×7	51) 8 ×7	52) 2 ×7	53) 7 ×7	54) 7 ×0	55) 8 ×7	56) 7 ×5
57) 4 ×7	58) 9 ×7	59) 2 ×7	60) 7 ×8	61) 7 ×4	62) 8 ×7	63) 5 ×7	64) 9 ×7

Timed Multiplication Drills • ClayMaze.com

MULTIPLY BY: 8

Name _____ Date _____

Time: [   ] : [   ]   Score: [   ] /64

1) 6 ×8	2) 8 ×4	3) 3 ×8	4) 8 ×6	5) 5 ×8	6) 2 ×8	7) 7 ×8	8) 8 ×4
9) 8 ×3	10) 1 ×8	11) 8 ×2	12) 8 ×4	13) 8 ×8	14) 8 ×9	15) 2 ×8	16) 8 ×6
17) 9 ×8	18) 4 ×8	19) 9 ×8	20) 8 ×8	21) 8 ×3	22) 8 ×8	23) 8 ×6	24) 7 ×8
25) 8 ×5	26) 8 ×8	27) 8 ×7	28) 9 ×8	29) 8 ×2	30) 8 ×4	31) 8 ×3	32) 8 ×8
33) 3 ×8	34) 7 ×8	35) 8 ×8	36) 3 ×8	37) 6 ×8	38) 8 ×8	39) 7 ×8	40) 6 ×8
41) 8 ×9	42) 8 ×8	43) 8 ×9	44) 8 ×0	45) 5 ×8	46) 7 ×8	47) 8 ×5	48) 2 ×8
49) 8 ×7	50) 3 ×8	51) 8 ×8	52) 7 ×8	53) 8 ×8	54) 1 ×8	55) 2 ×8	56) 5 ×8
57) 3 ×8	58) 8 ×8	59) 8 ×2	60) 3 ×8	61) 5 ×8	62) 8 ×2	63) 3 ×8	64) 8 ×8

Timed Multiplication Drills • ClayMaze.com

MULTIPLY BY: 8

Name _____ Date _____

Time: ☐:☐   Score: ☐/64

1) 8 ×8
2) 2 ×8
3) 8 ×8
4) 8 ×4
5) 3 ×8
6) 6 ×8
7) 8 ×5
8) 8 ×8

9) 8 ×7
10) 4 ×8
11) 8 ×2
12) 1 ×8
13) 8 ×5
14) 8 ×8
15) 9 ×8
16) 8 ×3

17) 8 ×4
18) 8 ×2
19) 9 ×8
20) 3 ×8
21) 4 ×8
22) 7 ×8
23) 8 ×6
24) 8 ×8

25) 8 ×7
26) 8 ×5
27) 8 ×6
28) 9 ×8
29) 2 ×8
30) 6 ×8
31) 8 ×8
32) 8 ×2

33) 3 ×8
34) 6 ×8
35) 4 ×8
36) 6 ×8
37) 5 ×8
38) 3 ×8
39) 8 ×6
40) 0 ×8

41) 2 ×8
42) 8 ×1
43) 8 ×9
44) 5 ×8
45) 8 ×6
46) 5 ×8
47) 4 ×8
48) 8 ×8

49) 4 ×8
50) 8 ×8
51) 8 ×6
52) 2 ×8
53) 7 ×8
54) 8 ×6
55) 2 ×8
56) 9 ×8

57) 8 ×8
58) 8 ×7
59) 3 ×8
60) 9 ×8
61) 8 ×8
62) 3 ×8
63) 8 ×7
64) 8 ×5

Timed Multiplication Drills • ClayMaze.com

MULTIPLY BY: 8

Name _____ Date _____

Time: ☐ : ☐   Score: ☐ /64

1) 8 ×1	2) 3 ×8	3) 8 ×7	4) 8 ×8	5) 4 ×8	6) 8 ×3	7) 8 ×2	8) 4 ×8
9) 5 ×8	10) 8 ×9	11) 8 ×8	12) 8 ×9	13) 8 ×7	14) 5 ×8	15) 8 ×8	16) 2 ×8
17) 8 ×6	18) 8 ×7	19) 4 ×8	20) 6 ×8	21) 8 ×5	22) 8 ×7	23) 8 ×2	24) 8 ×4
25) 8 ×8	26) 5 ×8	27) 8 ×8	28) 7 ×8	29) 8 ×9	30) 8 ×4	31) 6 ×8	32) 8 ×8
33) 2 ×8	34) 1 ×8	35) 8 ×2	36) 9 ×8	37) 8 ×7	38) 8 ×5	39) 8 ×9	40) 8 ×3
41) 8 ×9	42) 3 ×8	43) 8 ×4	44) 8 ×5	45) 2 ×8	46) 6 ×8	47) 8 ×7	48) 8 ×2
49) 0 ×8	50) 4 ×8	51) 8 ×6	52) 3 ×8	53) 8 ×8	54) 9 ×8	55) 6 ×8	56) 7 ×8
57) 3 ×8	58) 8 ×7	59) 3 ×8	60) 8 ×6	61) 3 ×8	62) 8 ×7	63) 3 ×8	64) 8 ×8

Timed Multiplication Drills • ClayMaze.com

MULTIPLY BY: 8

Name _____ Date _____

Time: ☐ : ☐   Score: ☐ /64

1) 4 ×8
2) 8 ×5
3) 7 ×8
4) 5 ×8
5) 3 ×8
6) 7 ×8
7) 8 ×8
8) 8 ×6

9) 7 ×8
10) 3 ×8
11) 8 ×5
12) 8 ×4
13) 9 ×8
14) 5 ×8
15) 8 ×6
16) 5 ×8

17) 6 ×8
18) 8 ×8
19) 1 ×8
20) 8 ×3
21) 8 ×2
22) 8 ×8
23) 8 ×3
24) 8 ×7

25) 4 ×8
26) 6 ×8
27) 7 ×8
28) 8 ×2
29) 8 ×6
30) 3 ×8
31) 4 ×8
32) 8 ×2

33) 5 ×8
34) 8 ×0
35) 9 ×8
36) 8 ×1
37) 2 ×8
38) 8 ×4
39) 8 ×2
40) 8 ×6

41) 4 ×8
42) 8 ×5
43) 8 ×8
44) 3 ×8
45) 8 ×5
46) 6 ×8
47) 8 ×7
48) 5 ×8

49) 3 ×8
50) 8 ×4
51) 8 ×5
52) 6 ×8
53) 8 ×8
54) 2 ×8
55) 8 ×9
56) 8 ×7

57) 4 ×8
58) 3 ×8
59) 8 ×8
60) 5 ×8
61) 8 ×7
62) 8 ×9
63) 4 ×8
64) 8 ×6

Timed Multiplication Drills • ClayMaze.com

MULTIPLY BY: 8

Name _____ Date _____

Time: ☐ : ☐   Score: ☐ /64

1) 8 ×3
2) 8 ×8
3) 3 ×8
4) 8 ×1
5) 8 ×6
6) 8 ×3
7) 4 ×8
8) 3 ×8

9) 8 ×5
10) 4 ×8
11) 7 ×8
12) 8 ×5
13) 4 ×8
14) 2 ×8
15) 5 ×8
16) 9 ×8

17) 8 ×4
18) 8 ×7
19) 5 ×8
20) 8 ×6
21) 7 ×8
22) 8 ×3
23) 2 ×8
24) 5 ×8

25) 7 ×8
26) 3 ×8
27) 2 ×8
28) 8 ×8
29) 5 ×8
30) 2 ×8
31) 3 ×8
32) 8 ×7

33) 4 ×8
34) 8 ×8
35) 8 ×1
36) 8 ×2
37) 4 ×8
38) 5 ×8
39) 8 ×4
40) 0 ×8

41) 8 ×7
42) 9 ×8
43) 7 ×8
44) 8 ×8
45) 5 ×8
46) 8 ×2
47) 6 ×8
48) 2 ×8

49) 4 ×8
50) 6 ×8
51) 9 ×8
52) 6 ×8
53) 8 ×2
54) 9 ×8
55) 8 ×3
56) 8 ×8

57) 2 ×8
58) 7 ×8
59) 8 ×3
60) 8 ×7
61) 6 ×8
62) 8 ×4
63) 6 ×8
64) 8 ×3

Timed Multiplication Drills • ClayMaze.com

MULTIPLY BY: 9

Name _____ Date _____

Time: ☐ : ☐   Score: ☐ /64

1) 9 × 8
2) 9 × 2
3) 9 × 6
4) 7 × 9
5) 2 × 9
6) 9 × 9
7) 5 × 9
8) 9 × 1

9) 9 × 9
10) 7 × 9
11) 9 × 9
12) 6 × 9
13) 7 × 9
14) 3 × 9
15) 7 × 9
16) 9 × 4

17) 7 × 9
18) 6 × 9
19) 8 × 9
20) 5 × 9
21) 9 × 2
22) 9 × 9
23) 9 × 8
24) 9 × 7

25) 5 × 9
26) 4 × 9
27) 9 × 9
28) 9 × 4
29) 9 × 5
30) 9 × 6
31) 9 × 5
32) 9 × 3

33) 9 × 2
34) 9 × 9
35) 9 × 8
36) 9 × 6
37) 9 × 9
38) 9 × 5
39) 6 × 9
40) 8 × 9

41) 9 × 6
42) 8 × 9
43) 4 × 9
44) 9 × 2
45) 9 × 8
46) 9 × 2
47) 4 × 9
48) 0 × 9

49) 9 × 3
50) 9 × 2
51) 8 × 9
52) 7 × 9
53) 6 × 9
54) 5 × 9
55) 1 × 9
56) 9 × 4

57) 8 × 9
58) 7 × 9
59) 9 × 4
60) 9 × 9
61) 8 × 9
62) 6 × 9
63) 9 × 9
64) 5 × 9

MULTIPLY BY: 9

Name _____ Date _____

Time: ☐ : ☐   Score: ☐ /64

1) 9 ×2
2) 6 ×9
3) 9 ×4
4) 8 ×9
5) 9 ×7
6) 8 ×9
7) 3 ×9
8) 8 ×9

9) 5 ×9
10) 9 ×1
11) 3 ×9
12) 4 ×9
13) 2 ×9
14) 9 ×3
15) 9 ×5
16) 9 ×2

17) 9 ×8
18) 5 ×9
19) 9 ×9
20) 6 ×9
21) 9 ×8
22) 9 ×4
23) 9 ×9
24) 9 ×8

25) 9 ×9
26) 3 ×9
27) 5 ×9
28) 2 ×9
29) 7 ×9
30) 9 ×9
31) 6 ×9
32) 9 ×2

33) 9 ×3
34) 1 ×9
35) 9 ×2
36) 3 ×9
37) 9 ×8
38) 6 ×9
39) 9 ×2
40) 3 ×9

41) 9 ×7
42) 8 ×9
43) 9 ×4
44) 9 ×9
45) 9 ×3
46) 8 ×9
47) 4 ×9
48) 2 ×9

49) 9 ×5
50) 9 ×7
51) 9 ×2
52) 5 ×9
53) 9 ×7
54) 9 ×9
55) 6 ×9
56) 4 ×9

57) 9 ×2
58) 9 ×8
59) 6 ×9
60) 9 ×2
61) 9 ×4
62) 6 ×9
63) 9 ×7
64) 9 ×9

Timed Multiplication Drills • ClayMaze.com

MULTIPLY BY: 9

Name _____ Date _____

Time: [ ] : [ ]   Score: [ ] /64

1) 8 ×9
2) 9 ×5
3) 9 ×9
4) 2 ×9
5) 3 ×9
6) 1 ×9
7) 2 ×9
8) 9 ×7

9) 9 ×9
10) 9 ×6
11) 2 ×9
12) 9 ×9
13) 9 ×6
14) 9 ×2
15) 9 ×8
16) 3 ×9

17) 2 ×9
18) 7 ×9
19) 6 ×9
20) 9 ×5
21) 3 ×9
22) 8 ×9
23) 9 ×7
24) 9 ×9

25) 8 ×9
26) 9 ×2
27) 9 ×8
28) 9 ×9
29) 4 ×9
30) 9 ×2
31) 6 ×9
32) 9 ×4

33) 9 ×7
34) 6 ×9
35) 9 ×3
36) 9 ×8
37) 6 ×9
38) 9 ×3
39) 8 ×9
40) 9 ×1

41) 9 ×5
42) 2 ×9
43) 7 ×9
44) 9 ×6
45) 9 ×8
46) 2 ×9
47) 3 ×9
48) 6 ×9

49) 3 ×9
50) 9 ×9
51) 6 ×9
52) 9 ×2
53) 9 ×9
54) 9 ×5
55) 8 ×9
56) 3 ×9

57) 9 ×5
58) 9 ×2
59) 5 ×9
60) 8 ×9
61) 9 ×3
62) 9 ×9
63) 9 ×4
64) 9 ×2

Timed Multiplication Drills • ClayMaze.com

MULTIPLY BY: 9

Name _____ Date _____

Time: ☐:☐   Score: ☐/64

1) 9 ×5	2) 1 ×9	3) 4 ×9	4) 9 ×8	5) 5 ×9	6) 9 ×9	7) 3 ×9	8) 2 ×9
9) 9 ×9	10) 9 ×3	11) 2 ×9	12) 9 ×7	13) 9 ×9	14) 9 ×5	15) 4 ×9	16) 3 ×9
17) 5 ×9	18) 2 ×9	19) 5 ×9	20) 9 ×9	21) 9 ×4	22) 9 ×3	23) 9 ×8	24) 2 ×9
25) 9 ×3	26) 9 ×4	27) 9 ×2	28) 7 ×9	29) 8 ×9	30) 9 ×5	31) 9 ×4	32) 3 ×9
33) 2 ×9	34) 9 ×9	35) 9 ×4	36) 9 ×9	37) 9 ×1	38) 9 ×4	39) 9 ×7	40) 9 ×2
41) 0 ×9	42) 6 ×9	43) 9 ×9	44) 6 ×9	45) 8 ×9	46) 9 ×9	47) 9 ×3	48) 9 ×8
49) 2 ×9	50) 9 ×8	51) 4 ×9	52) 9 ×5	53) 6 ×9	54) 5 ×9	55) 9 ×4	56) 6 ×9
57) 5 ×9	58) 9 ×9	59) 9 ×8	60) 9 ×7	61) 2 ×9	62) 4 ×9	63) 3 ×9	64) 9 ×5

Timed Multiplication Drills • ClayMaze.com

MULTIPLY BY: 9

Name _____ Date _____

Time: ☐:☐   Score: ☐/64

1) 4 ×9	2) 3 ×9	3) 9 ×6	4) 9 ×4	5) 9 ×9	6) 9 ×3	7) 9 ×2	8) 9 ×3
9) 9 ×7	10) 9 ×1	11) 3 ×9	12) 9 ×9	13) 2 ×9	14) 9 ×6	15) 5 ×9	16) 9 ×6
17) 9 ×5	18) 9 ×9	19) 9 ×8	20) 5 ×9	21) 9 ×4	22) 2 ×9	23) 9 ×9	24) 7 ×9
25) 9 ×6	26) 9 ×3	27) 9 ×2	28) 3 ×9	29) 9 ×9	30) 9 ×6	31) 7 ×9	32) 9 ×2
33) 5 ×9	34) 6 ×9	35) 8 ×9	36) 6 ×9	37) 9 ×7	38) 9 ×9	39) 8 ×9	40) 9 ×1
41) 9 ×2	42) 5 ×9	43) 9 ×4	44) 9 ×9	45) 2 ×9	46) 9 ×0	47) 4 ×9	48) 6 ×9
49) 5 ×9	50) 9 ×4	51) 2 ×9	52) 9 ×8	53) 6 ×9	54) 2 ×9	55) 8 ×9	56) 9 ×4
57) 9 ×3	58) 8 ×9	59) 9 ×5	60) 2 ×9	61) 9 ×5	62) 9 ×6	63) 9 ×4	64) 9 ×3

Timed Multiplication Drills • ClayMaze.com

MULTIPLY BY: 7, 8, 9

Name _____ Date _____

Time: ☐:☐   Score: ☐/64

1) 7 × 6
2) 8 × 8
3) 7 × 4
4) 7 × 8
5) 3 × 8
6) 5 × 8
7) 2 × 9
8) 8 × 4

9) 7 × 7
10) 1 × 9
11) 8 × 3
12) 9 × 7
13) 6 × 7
14) 8 × 7
15) 6 × 9
16) 8 × 7

17) 7 × 4
18) 8 × 9
19) 7 × 4
20) 8 × 3
21) 7 × 2
22) 5 × 9
23) 9 × 8
24) 9 × 4

25) 7 × 9
26) 8 × 6
27) 9 × 3
28) 7 × 7
29) 6 × 8
30) 4 × 8
31) 5 × 8
32) 3 × 8

33) 2 × 7
34) 8 × 4
35) 9 × 0
36) 9 × 8
37) 4 × 7
38) 8 × 2
39) 8 × 7
40) 9 × 9

41) 8 × 8
42) 2 × 7
43) 7 × 4
44) 9 × 5
45) 3 × 7
46) 9 × 7
47) 2 × 9
48) 7 × 5

49) 9 × 3
50) 4 × 7
51) 7 × 8
52) 8 × 6
53) 9 × 7
54) 2 × 7
55) 8 × 9
56) 7 × 4

57) 9 × 9
58) 3 × 9
59) 8 × 2
60) 3 × 8
61) 4 × 8
62) 8 × 8
63) 6 × 8
64) 9 × 9

Timed Multiplication Drills • ClayMaze.com

MULTIPLY BY: 7, 8, 9

Name _____ Date _____

Time: ☐ : ☐   Score: ☐ /64

1) 7 ×8
2) 3 ×7
3) 9 ×8
4) 2 ×9
5) 7 ×5
6) 8 ×2
7) 7 ×8
8) 9 ×6

9) 8 ×9
10) 9 ×2
11) 7 ×8
12) 8 ×3
13) 7 ×7
14) 1 ×8
15) 2 ×8
16) 8 ×9

17) 6 ×9
18) 8 ×9
19) 6 ×7
20) 7 ×7
21) 9 ×4
22) 8 ×8
23) 8 ×6
24) 2 ×7

25) 5 ×7
26) 7 ×8
27) 9 ×9
28) 5 ×8
29) 8 ×7
30) 4 ×9
31) 7 ×3
32) 8 ×8

33) 4 ×8
34) 9 ×8
35) 4 ×7
36) 8 ×9
37) 9 ×6
38) 7 ×8
39) 8 ×8
40) 7 ×1

41) 5 ×9
42) 8 ×0
43) 6 ×7
44) 8 ×7
45) 4 ×8
46) 9 ×3
47) 8 ×6
48) 8 ×9

49) 3 ×9
50) 4 ×8
51) 9 ×5
52) 9 ×9
53) 6 ×8
54) 8 ×8
55) 9 ×9
56) 4 ×8

57) 7 ×9
58) 9 ×9
59) 4 ×8
60) 8 ×6
61) 8 ×9
62) 2 ×7
63) 9 ×3
64) 9 ×7

Timed Multiplication Drills • ClayMaze.com

MULTIPLY BY: 7, 8, 9

Name _____ Date _____

Time: ☐ : ☐   Score: ☐ /64

1) 3 ×7	2) 2 ×8	3) 8 ×7	4) 1 ×7	5) 9 ×7	6) 8 ×2	7) 4 ×8	8) 7 ×6
9) 9 ×2	10) 3 ×8	11) 7 ×5	12) 9 ×7	13) 9 ×6	14) 8 ×5	15) 7 ×2	16) 7 ×4
17) 9 ×8	18) 9 ×7	19) 9 ×9	20) 7 ×8	21) 4 ×8	22) 8 ×9	23) 4 ×8	24) 8 ×7
25) 8 ×8	26) 8 ×4	27) 5 ×7	28) 3 ×9	29) 8 ×9	30) 9 ×2	31) 8 ×5	32) 3 ×9
33) 8 ×2	34) 7 ×8	35) 9 ×7	36) 8 ×0	37) 3 ×9	38) 7 ×7	39) 8 ×4	40) 6 ×7
41) 7 ×5	42) 9 ×3	43) 8 ×4	44) 7 ×8	45) 5 ×9	46) 9 ×8	47) 9 ×5	48) 9 ×8
49) 8 ×4	50) 5 ×8	51) 6 ×9	52) 7 ×4	53) 6 ×7	54) 9 ×4	55) 7 ×8	56) 8 ×3
57) 8 ×9	58) 8 ×2	59) 8 ×5	60) 8 ×2	61) 8 ×5	62) 7 ×8	63) 6 ×8	64) 7 ×5

Timed Multiplication Drills • ClayMaze.com

MULTIPLY BY: 7, 8, 9

Name _____ Date _____

Time: [ ] : [ ]   Score: [ ] /64

1) 4 ×9
2) 2 ×8
3) 7 ×7
4) 7 ×2
5) 4 ×8
6) 8 ×9
7) 2 ×9
8) 9 ×9

9) 6 ×9
10) 9 ×7
11) 2 ×7
12) 1 ×9
13) 5 ×8
14) 6 ×9
15) 7 ×7
16) 3 ×7

17) 9 ×4
18) 5 ×7
19) 7 ×8
20) 9 ×7
21) 3 ×9
22) 7 ×7
23) 2 ×7
24) 8 ×7

25) 9 ×7
26) 2 ×8
27) 5 ×7
28) 3 ×7
29) 8 ×7
30) 7 ×5
31) 8 ×9
32) 9 ×5

33) 3 ×9
34) 7 ×8
35) 4 ×9
36) 0 ×9
37) 6 ×9
38) 7 ×4
39) 7 ×8
40) 6 ×9

41) 7 ×7
42) 7 ×1
43) 7 ×3
44) 7 ×5
45) 9 ×9
46) 3 ×9
47) 2 ×7
48) 7 ×8

49) 9 ×9
50) 8 ×8
51) 2 ×9
52) 7 ×7
53) 2 ×8
54) 9 ×8
55) 8 ×4
56) 8 ×9

57) 3 ×7
58) 2 ×7
59) 4 ×9
60) 9 ×2
61) 4 ×9
62) 5 ×8
63) 7 ×7
64) 8 ×6

Timed Multiplication Drills ▪ ClayMaze.com

MULTIPLY BY: 7, 8, 9

Name _____ Date _____

Time: ☐ : ☐   Score: ☐ /64

1) 8 ×7
2) 7 ×1
3) 8 ×8
4) 8 ×2
5) 9 ×3
6) 8 ×7
7) 8 ×4
8) 8 ×9

9) 2 ×9
10) 7 ×8
11) 7 ×7
12) 4 ×9
13) 8 ×7
14) 2 ×9
15) 9 ×8
16) 7 ×2

17) 8 ×9
18) 5 ×9
19) 6 ×8
20) 9 ×7
21) 2 ×7
22) 9 ×7
23) 6 ×9
24) 7 ×7

25) 9 ×9
26) 9 ×4
27) 8 ×7
28) 7 ×6
29) 7 ×8
30) 5 ×7
31) 3 ×9
32) 9 ×9

33) 6 ×7
34) 8 ×2
35) 8 ×0
36) 7 ×1
37) 9 ×5
38) 4 ×9
39) 8 ×9
40) 3 ×7

41) 9 ×4
42) 9 ×8
43) 7 ×7
44) 9 ×9
45) 7 ×2
46) 5 ×9
47) 9 ×4
48) 9 ×9

49) 8 ×5
50) 2 ×9
51) 9 ×5
52) 7 ×4
53) 5 ×7
54) 4 ×8
55) 7 ×7
56) 9 ×5

57) 7 ×7
58) 5 ×8
59) 6 ×8
60) 8 ×3
61) 9 ×8
62) 8 ×6
63) 8 ×8
64) 4 ×7

Timed Multiplication Drills • ClayMaze.com

MULTIPLY BY: 7, 8, 9

Name _____ Date _____

Time: ☐:☐   Score: ☐/64

1) 4 ×8
2) 9 ×5
3) 4 ×7
4) 9 ×5
5) 7 ×9
6) 4 ×9
7) 5 ×8
8) 6 ×8

9) 8 ×5
10) 7 ×1
11) 8 ×9
12) 2 ×9
13) 9 ×8
14) 9 ×2
15) 9 ×9
16) 3 ×7

17) 4 ×8
18) 9 ×8
19) 7 ×8
20) 9 ×3
21) 9 ×9
22) 8 ×8
23) 9 ×3
24) 2 ×7

25) 6 ×8
26) 7 ×7
27) 9 ×4
28) 7 ×5
29) 9 ×3
30) 7 ×9
31) 2 ×7
32) 8 ×5

33) 8 ×8
34) 7 ×6
35) 2 ×9
36) 3 ×9
37) 8 ×7
38) 3 ×9
39) 9 ×1
40) 9 ×7

41) 2 ×9
42) 4 ×8
43) 9 ×7
44) 7 ×0
45) 3 ×8
46) 7 ×8
47) 4 ×8
48) 6 ×8

49) 5 ×7
50) 2 ×9
51) 6 ×8
52) 2 ×8
53) 7 ×5
54) 3 ×9
55) 7 ×7
56) 7 ×3

57) 9 ×2
58) 9 ×3
59) 4 ×7
60) 8 ×9
61) 9 ×2
62) 7 ×8
63) 7 ×9
64) 7 ×5

Timed Multiplication Drills • ClayMaze.com

SECTION 4

MULTIPLICATION DRILLS

Multiplying by 10, 11, 12
- **10-11** (4 timed tests)
- **12** (7 timed tests)
- **Review (10-12)** (6 timed tests)

ClayMaze.com

MULTIPLY BY: 10, 11

Name _____ Date _____

Time: ☐:☐   Score: ☐/64

#	Problem	#	Problem	#	Problem	#	Problem
1)	8 × 11	2)	9 × 10	3)	3 × 11	4)	11 × 10
5)	10 × 6	6)	11 × 7	7)	10 × 10	8)	3 × 11
9)	2 × 11	10)	5 × 11	11)	2 × 11	12)	10 × 5
13)	7 × 10	14)	4 × 10	15)	10 × 3	16)	1 × 11
17)	3 × 10	18)	2 × 11	19)	6 × 10	20)	2 × 10
21)	3 × 11	22)	10 × 8	23)	11 × 4	24)	10 × 11
25)	10 × 5	26)	10 × 10	27)	10 × 5	28)	11 × 10
29)	11 × 2	30)	10 × 10	31)	10 × 6	32)	5 × 11
33)	10 × 10	34)	10 × 8	35)	10 × 11	36)	11 × 7
37)	11 × 0	38)	6 × 10	39)	10 × 9	40)	8 × 11
41)	10 × 5	42)	4 × 10	43)	10 × 5	44)	8 × 10
45)	11 × 4	46)	11 × 3	47)	10 × 10	48)	5 × 10
49)	10 × 7	50)	10 × 9	51)	7 × 10	52)	10 × 3
53)	11 × 5	54)	10 × 2	55)	6 × 11	56)	8 × 10
57)	5 × 10	58)	10 × 3	59)	11 × 2	60)	7 × 10
61)	10 × 10	62)	10 × 7	63)	8 × 10	64)	11 × 2

Timed Multiplication Drills • ClayMaze.com

MULTIPLY BY: 10, 11

Name _____ Date _____

Time: ☐ : ☐   Score: ☐ /64

1) 10 × 10	2) 10 × 1	3) 10 × 7	4) 10 × 2	5) 8 × 10	6) 11 × 6	7) 2 × 10	8) 6 × 11
9) 3 × 10	10) 9 × 11	11) 11 × 10	12) 11 × 4	13) 10 × 7	14) 9 × 11	15) 10 × 10	16) 4 × 10
17) 6 × 10	18) 10 × 7	19) 10 × 5	20) 10 × 11	21) 11 × 4	22) 11 × 2	23) 11 × 9	24) 8 × 10
25) 10 × 7	26) 8 × 11	27) 10 × 2	28) 7 × 11	29) 6 × 11	30) 10 × 11	31) 11 × 7	32) 10 × 2
33) 10 × 3	34) 11 × 5	35) 3 × 10	36) 6 × 10	37) 11 × 2	38) 11 × 1	39) 9 × 11	40) 11 × 4
41) 9 × 11	42) 11 × 6	43) 11 × 2	44) 11 × 9	45) 3 × 11	46) 2 × 10	47) 8 × 11	48) 2 × 11
49) 3 × 10	50) 5 × 11	51) 10 × 9	52) 10 × 6	53) 10 × 4	54) 11 × 3	55) 10 × 5	56) 10 × 6
57) 10 × 5	58) 10 × 2	59) 3 × 10	60) 4 × 10	61) 0 × 10	62) 10 × 5	63) 8 × 10	64) 10 × 3

Timed Multiplication Drills • ClayMaze.com

MULTIPLY BY: 10, 11

Name _____ Date _____

Time: ☐ : ☐   Score: ☐ /64

1) 10 ×6
2) 11 ×5
3) 11 ×10
4) 11 ×1
5) 10 ×6
6) 10 ×2
7) 11 ×7
8) 11 ×6

9) 11 ×10
10) 3 ×11
11) 10 ×5
12) 2 ×11
13) 4 ×10
14) 6 ×11
15) 3 ×11
16) 7 ×10

17) 8 ×11
18) 9 ×10
19) 10 ×2
20) 11 ×10
21) 10 ×8
22) 11 ×2
23) 10 ×10
24) 11 ×8

25) 6 ×10
26) 2 ×11
27) 11 ×6
28) 9 ×10
29) 10 ×7
30) 11 ×8
31) 6 ×11
32) 11 ×2

33) 10 ×8
34) 3 ×10
35) 11 ×1
36) 8 ×10
37) 10 ×10
38) 10 ×4
39) 5 ×11
40) 10 ×0

41) 10 ×11
42) 10 ×2
43) 10 ×7
44) 11 ×10
45) 11 ×2
46) 9 ×11
47) 10 ×6
48) 5 ×11

49) 6 ×10
50) 10 ×9
51) 4 ×10
52) 11 ×2
53) 7 ×10
54) 11 ×2
55) 5 ×11
56) 10 ×3

57) 10 ×10
58) 7 ×11
59) 8 ×11
60) 10 ×3
61) 11 ×8
62) 10 ×7
63) 11 ×3
64) 8 ×11

Timed Multiplication Drills • ClayMaze.com

MULTIPLY BY: 10, 11

Name _____ Date _____

Time: ☐ : ☐   Score: ☐ /64

1) 2 ×11	2) 3 ×10	3) 11 ×4	4) 2 ×10	5) 10 ×10	6) 10 ×1	7) 10 ×3	8) 10 ×2
9) 11 ×8	10) 6 ×10	11) 7 ×10	12) 8 ×10	13) 11 ×5	14) 10 ×3	15) 6 ×10	16) 11 ×9
17) 10 ×10	18) 3 ×10	19) 6 ×11	20) 10 ×4	21) 6 ×11	22) 7 ×11	23) 8 ×10	24) 3 ×11
25) 10 ×5	26) 10 ×8	27) 10 ×4	28) 6 ×11	29) 10 ×3	30) 8 ×11	31) 7 ×10	32) 10 ×5
33) 10 ×8	34) 6 ×10	35) 8 ×10	36) 3 ×11	37) 10 ×1	38) 10 ×4	39) 11 ×5	40) 6 ×10
41) 4 ×10	42) 10 ×8	43) 11 ×9	44) 11 ×7	45) 10 ×11	46) 9 ×10	47) 10 ×3	48) 10 ×8
49) 11 ×2	50) 5 ×11	51) 11 ×8	52) 3 ×10	53) 11 ×5	54) 11 ×7	55) 6 ×11	56) 11 ×9
57) 6 ×10	58) 8 ×11	59) 7 ×10	60) 10 ×5	61) 10 ×3	62) 10 ×11	63) 4 ×10	64) 10 ×10

Timed Multiplication Drills • ClayMaze.com

MULTIPLY BY: 12

Name _____ Date _____

Time: ☐ : ☐   Score: ☐ /64

1) 12 ×3
2) 12 ×4
3) 12 ×2
4) 5 ×12
5) 11 ×12
6) 1 ×12
7) 12 ×4
8) 12 ×12

9) 12 ×10
10) 3 ×12
11) 12 ×9
12) 12 ×7
13) 12 ×6
14) 12 ×12
15) 7 ×12
16) 12 ×8

17) 12 ×4
18) 11 ×12
19) 12 ×12
20) 12 ×8
21) 12 ×12
22) 12 ×10
23) 11 ×12
24) 5 ×12

25) 12 ×9
26) 12 ×8
27) 9 ×12
28) 4 ×12
29) 9 ×12
30) 2 ×12
31) 12 ×4
32) 12 ×2

33) 11 ×12
34) 5 ×12
35) 12 ×4
36) 11 ×12
37) 12 ×7
38) 12 ×6
39) 12 ×8
40) 12 ×9

41) 4 ×12
42) 12 ×8
43) 7 ×12
44) 12 ×12
45) 0 ×12
46) 7 ×12
47) 12 ×11
48) 3 ×12

49) 12 ×5
50) 12 ×4
51) 10 ×12
52) 12 ×8
53) 12 ×12
54) 12 ×2
55) 12 ×9
56) 12 ×5

57) 12 ×8
58) 12 ×12
59) 12 ×11
60) 12 ×7
61) 10 ×12
62) 12 ×12
63) 3 ×12
64) 6 ×12

Timed Multiplication Drills • ClayMaze.com

MULTIPLY BY: 12

Name _____   Date _____

Time: [ ] : [ ]   Score: [ ] /64

1) 2 × 12
2) 5 × 12
3) 12 × 10
4) 5 × 12
5) 12 × 3
6) 12 × 5
7) 10 × 12
8) 5 × 12

9) 12 × 10
10) 8 × 12
11) 12 × 11
12) 12 × 9
13) 11 × 12
14) 2 × 12
15) 12 × 3
16) 12 × 2

17) 8 × 12
18) 12 × 2
19) 12 × 8
20) 3 × 12
21) 12 × 10
22) 12 × 9
23) 4 × 12
24) 12 × 5

25) 12 × 2
26) 12 × 1
27) 4 × 12
28) 12 × 10
29) 9 × 12
30) 6 × 12
31) 12 × 2
32) 6 × 12

33) 3 × 12
34) 12 × 4
35) 12 × 0
36) 5 × 12
37) 12 × 3
38) 12 × 8
39) 10 × 12
40) 12 × 5

41) 12 × 7
42) 12 × 12
43) 12 × 9
44) 2 × 12
45) 8 × 12
46) 2 × 12
47) 12 × 12
48) 12 × 4

49) 6 × 12
50) 3 × 12
51) 6 × 12
52) 12 × 4
53) 12 × 5
54) 12 × 8
55) 12 × 6
56) 7 × 12

57) 3 × 12
58) 12 × 7
59) 10 × 12
60) 11 × 12
61) 12 × 12
62) 12 × 11
63) 2 × 12
64) 12 × 6

Timed Multiplication Drills • ClayMaze.com

MULTIPLY BY: 12

Name _____ Date _____

Time: ☐ : ☐   Score: ☐ /64

1) 8 ×12
2) 12 ×9
3) 5 ×12
4) 3 ×12
5) 12 ×2
6) 3 ×12
7) 12 ×2
8) 12 ×9

9) 4 ×12
10) 12 ×11
11) 6 ×12
12) 12 ×9
13) 12 ×5
14) 6 ×12
15) 9 ×12
16) 12 ×1

17) 7 ×12
18) 5 ×12
19) 12 ×9
20) 10 ×12
21) 12 ×12
22) 12 ×3
23) 6 ×12
24) 12 ×12

25) 12 ×11
26) 10 ×12
27) 12 ×7
28) 12 ×8
29) 12 ×5
30) 11 ×12
31) 10 ×12
32) 6 ×12

33) 12 ×12
34) 5 ×12
35) 1 ×12
36) 0 ×12
37) 8 ×12
38) 4 ×12
39) 6 ×12
40) 12 ×2

41) 12 ×9
42) 12 ×10
43) 12 ×11
44) 12 ×6
45) 12 ×4
46) 6 ×12
47) 12 ×8
48) 12 ×9

49) 12 ×6
50) 12 ×12
51) 12 ×2
52) 12 ×11
53) 12 ×3
54) 12 ×12
55) 12 ×5
56) 12 ×7

57) 12 ×9
58) 2 ×12
59) 7 ×12
60) 12 ×10
61) 4 ×12
62) 10 ×12
63) 12 ×8
64) 12 ×11

Timed Multiplication Drills • ClayMaze.com

MULTIPLY BY: 12

Name _____ Date _____

Time: ☐ : ☐   Score: ☐ /64

1) 12 ×4	2) 9 ×12	3) 12 ×3	4) 12 ×6	5) 12 ×4	6) 1 ×12	7) 12 ×7	8) 12 ×2
9) 12 ×8	10) 12 ×2	11) 12 ×9	12) 12 ×5	13) 7 ×12	14) 12 ×11	15) 6 ×12	16) 10 ×12
17) 9 ×12	18) 12 ×3	19) 8 ×12	20) 11 ×12	21) 2 ×12	22) 7 ×12	23) 12 ×11	24) 12 ×3
25) 12 ×10	26) 4 ×12	27) 12 ×11	28) 12 ×12	29) 12 ×3	30) 9 ×12	31) 12 ×2	32) 12 ×7
33) 8 ×12	34) 3 ×12	35) 0 ×12	36) 9 ×12	37) 12 ×5	38) 2 ×12	39) 12 ×11	40) 12 ×5
41) 12 ×7	42) 12 ×8	43) 12 ×9	44) 8 ×12	45) 7 ×12	46) 12 ×6	47) 5 ×12	48) 2 ×12
49) 6 ×12	50) 5 ×12	51) 12 ×12	52) 7 ×12	53) 12 ×1	54) 9 ×12	55) 11 ×12	56) 12 ×12
57) 12 ×5	58) 8 ×12	59) 12 ×11	60) 6 ×12	61) 3 ×12	62) 12 ×8	63) 12 ×2	64) 11 ×12

Timed Multiplication Drills • ClayMaze.com

MULTIPLY BY: 12

Name _____ Date _____

Time: ☐:☐   Score: ☐/64

1) 7 ×12	2) 2 ×12	3) 12 ×11	4) 4 ×12	5) 1 ×12	6) 11 ×12	7) 6 ×12	8) 2 ×12
9) 12 ×8	10) 12 ×7	11) 12 ×12	12) 12 ×2	13) 12 ×8	14) 12 ×4	15) 12 ×9	16) 12 ×3
17) 4 ×12	18) 2 ×12	19) 12 ×10	20) 12 ×12	21) 12 ×3	22) 12 ×7	23) 12 ×4	24) 12 ×5
25) 12 ×7	26) 12 ×3	27) 12 ×5	28) 10 ×12	29) 12 ×7	30) 12 ×2	31) 12 ×9	32) 12 ×8
33) 3 ×12	34) 0 ×12	35) 11 ×12	36) 6 ×12	37) 3 ×12	38) 1 ×12	39) 3 ×12	40) 2 ×12
41) 10 ×12	42) 12 ×8	43) 12 ×3	44) 12 ×12	45) 12 ×6	46) 3 ×12	47) 12 ×10	48) 6 ×12
49) 11 ×12	50) 7 ×12	51) 12 ×12	52) 4 ×12	53) 12 ×9	54) 5 ×12	55) 12 ×2	56) 9 ×12
57) 12 ×10	58) 12 ×11	59) 12 ×3	60) 12 ×2	61) 10 ×12	62) 3 ×12	63) 11 ×12	64) 12 ×12

Timed Multiplication Drills ▪ ClayMaze.com

MULTIPLY BY: 12

Name _____ Date _____

Time: ☐ : ☐   Score: ☐ /64

1) 12 ×2	2) 12 ×9	3) 5 ×12	4) 6 ×12	5) 12 ×8	6) 12 ×12	7) 12 ×10	8) 12 ×2
9) 12 ×9	10) 12 ×12	11) 12 ×6	12) 12 ×2	13) 3 ×12	14) 12 ×11	15) 3 ×12	16) 12 ×10
17) 12 ×2	18) 3 ×12	19) 11 ×12	20) 12 ×3	21) 11 ×12	22) 12 ×5	23) 10 ×12	24) 4 ×12
25) 1 ×12	26) 12 ×7	27) 12 ×4	28) 12 ×12	29) 6 ×12	30) 11 ×12	31) 4 ×12	32) 10 ×12
33) 12 ×4	34) 12 ×3	35) 11 ×12	36) 12 ×6	37) 12 ×10	38) 12 ×3	39) 6 ×12	40) 12 ×11
41) 12 ×9	42) 12 ×5	43) 7 ×12	44) 4 ×12	45) 11 ×12	46) 12 ×12	47) 12 ×4	48) 12 ×4
49) 12 ×3	50) 6 ×12	51) 12 ×10	52) 12 ×12	53) 12 ×6	54) 12 ×12	55) 10 ×12	56) 12 ×9
57) 12 ×5	58) 3 ×12	59) 12 ×2	60) 5 ×12	61) 12 ×12	62) 12 ×4	63) 3 ×12	64) 7 ×12

Timed Multiplication Drills • ClayMaze.com

MULTIPLY BY: 12

Name _____ Date _____

Time: ☐:☐   Score: ☐/64

1) 5 × 12
2) 12 × 9
3) 8 × 12
4) 12 × 3
5) 12 × 5
6) 12 × 3
7) 7 × 12
8) 6 × 12

9) 12 × 12
10) 12 × 7
11) 1 × 12
12) 4 × 12
13) 12 × 6
14) 12 × 12
15) 6 × 12
16) 11 × 12

17) 3 × 12
18) 12 × 6
19) 9 × 12
20) 3 × 12
21) 7 × 12
22) 2 × 12
23) 12 × 3
24) 12 × 5

25) 7 × 12
26) 12 × 11
27) 12 × 12
28) 7 × 12
29) 9 × 12
30) 12 × 5
31) 12 × 6
32) 8 × 12

33) 4 × 12
34) 12 × 0
35) 12 × 2
36) 10 × 12
37) 12 × 12
38) 6 × 12
39) 12 × 12
40) 12 × 2

41) 12 × 8
42) 2 × 12
43) 12 × 7
44) 5 × 12
45) 11 × 12
46) 12 × 12
47) 12 × 2
48) 12 × 7

49) 12 × 2
50) 4 × 12
51) 9 × 12
52) 12 × 7
53) 8 × 12
54) 12 × 3
55) 8 × 12
56) 12 × 2

57) 12 × 11
58) 12 × 10
59) 12 × 5
60) 12 × 11
61) 12 × 1
62) 12 × 5
63) 12 × 10
64) 12 × 8

Timed Multiplication Drills • ClayMaze.com

MULTIPLY BY: 10, 11, 12

Name _____ Date _____

Time: ☐ : ☐   Score: ☐ /64

1) 11 ×10	2) 8 ×10	3) 2 ×10	4) 9 ×12	5) 10 ×6	6) 3 ×12	7) 10 ×8	8) 2 ×10
9) 10 ×9	10) 10 ×11	11) 10 ×1	12) 10 ×12	13) 11 ×3	14) 10 ×2	15) 4 ×10	16) 3 ×10
17) 4 ×10	18) 3 ×10	19) 6 ×11	20) 7 ×11	21) 11 ×10	22) 5 ×11	23) 11 ×10	24) 12 ×6
25) 11 ×5	26) 10 ×4	27) 11 ×12	28) 10 ×12	29) 12 ×12	30) 11 ×10	31) 12 ×12	32) 11 ×3
33) 9 ×11	34) 11 ×10	35) 12 ×12	36) 12 ×8	37) 4 ×12	38) 5 ×10	39) 7 ×10	40) 12 ×11
41) 12 ×6	42) 11 ×12	43) 10 ×11	44) 1 ×12	45) 10 ×11	46) 0 ×11	47) 8 ×12	48) 12 ×2
49) 10 ×12	50) 6 ×12	51) 11 ×7	52) 9 ×10	53) 7 ×11	54) 8 ×12	55) 7 ×11	56) 8 ×12
57) 10 ×9	58) 11 ×10	59) 2 ×10	60) 11 ×5	61) 10 ×12	62) 11 ×12	63) 10 ×5	64) 12 ×12

Timed Multiplication Drills ▪ ClayMaze.com

MULTIPLY BY: 10, 11, 12

Name _____ Date _____

Time: ☐:☐   Score: ☐/64

1) 12 ×8
2) 11 ×11
3) 2 ×10
4) 11 ×7
5) 10 ×11
6) 12 ×11
7) 12 ×1
8) 9 ×11

9) 11 ×10
10) 11 ×6
11) 8 ×11
12) 12 ×2
13) 9 ×10
14) 8 ×11
15) 12 ×3
16) 7 ×12

17) 4 ×11
18) 10 ×11
19) 7 ×12
20) 12 ×9
21) 11 ×2
22) 11 ×12
23) 5 ×10
24) 12 ×4

25) 6 ×11
26) 10 ×9
27) 11 ×10
28) 11 ×2
29) 11 ×10
30) 4 ×12
31) 12 ×8
32) 10 ×2

33) 11 ×5
34) 4 ×10
35) 10 ×10
36) 11 ×12
37) 5 ×10
38) 7 ×12
39) 12 ×12
40) 6 ×11

41) 9 ×10
42) 5 ×11
43) 7 ×10
44) 9 ×10
45) 10 ×2
46) 12 ×10
47) 7 ×12
48) 12 ×2

49) 11 ×12
50) 2 ×10
51) 11 ×12
52) 11 ×7
53) 1 ×11
54) 5 ×11
55) 10 ×11
56) 12 ×6

57) 12 ×10
58) 12 ×5
59) 12 ×12
60) 4 ×10
61) 7 ×11
62) 10 ×8
63) 7 ×11
64) 12 ×9

Timed Multiplication Drills • ClayMaze.com

SECTION 5

MULTIPLICATION DRILLS

Multiplying by Numbers 0 through 12

- **0-12** (25 timed tests)

ClayMaze.com

MULTIPLY BY: 0 to 12

Name _____ Date _____

Time: ☐ : ☐   Score: ☐ /64

1) 12 × 4
2) 6 × 11
3) 2 × 4
4) 6 × 7
5) 5 × 5
6) 4 × 9
7) 10 × 6
8) 8 × 10

9) 12 × 7
10) 7 × 8
11) 2 × 10
12) 5 × 8
13) 11 × 3
14) 12 × 9
15) 5 × 6
16) 4 × 3

17) 5 × 4
18) 8 × 9
19) 8 × 5
20) 3 × 4
21) 2 × 9
22) 4 × 7
23) 2 × 6
24) 6 × 6

25) 11 × 7
26) 5 × 11
27) 6 × 10
28) 11 × 12
29) 2 × 8
30) 12 × 2
31) 3 × 5
32) 8 × 10

33) 12 × 8
34) 0 × 3
35) 3 × 2
36) 11 × 8
37) 9 × 5
38) 5 × 3
39) 11 × 2
40) 4 × 4

41) 2 × 12
42) 10 × 7
43) 2 × 9
44) 3 × 10
45) 9 × 9
46) 2 × 3
47) 8 × 2
48) 10 × 11

49) 3 × 10
50) 11 × 11
51) 12 × 3
52) 7 × 5
53) 4 × 8
54) 8 × 7
55) 6 × 4
56) 2 × 11

57) 11 × 6
58) 8 × 4
59) 10 × 5
60) 4 × 9
61) 11 × 10
62) 5 × 6
63) 9 × 8
64) 5 × 12

Timed Multiplication Drills • ClayMaze.com

MULTIPLY BY: 0 to 12

Name _____ Date _____

Time: [ ] : [ ]   Score: [ ] /64

1) 6 ×4	2) 7 ×2	3) 2 ×8	4) 5 ×11	5) 9 ×8	6) 2 ×11	7) 10 ×9	8) 9 ×3
9) 8 ×12	10) 8 ×4	11) 6 ×2	12) 9 ×6	13) 6 ×8	14) 4 ×3	15) 9 ×3	16) 5 ×8
17) 2 ×10	18) 2 ×2	19) 5 ×12	20) 4 ×6	21) 3 ×10	22) 3 ×7	23) 8 ×10	24) 11 ×6
25) 11 ×3	26) 4 ×12	27) 7 ×10	28) 5 ×11	29) 11 ×4	30) 4 ×5	31) 7 ×12	32) 12 ×11
33) 7 ×2	34) 8 ×11	35) 12 ×10	36) 1 ×4	37) 2 ×3	38) 0 ×11	39) 2 ×5	40) 8 ×12
41) 11 ×7	42) 4 ×5	43) 2 ×9	44) 3 ×4	45) 12 ×6	46) 11 ×9	47) 10 ×6	48) 5 ×10
49) 10 ×4	50) 2 ×4	51) 12 ×5	52) 2 ×12	53) 11 ×11	54) 7 ×5	55) 9 ×11	56) 8 ×10
57) 6 ×6	58) 7 ×4	59) 5 ×7	60) 10 ×9	61) 7 ×8	62) 8 ×11	63) 3 ×12	64) 3 ×11

Timed Multiplication Drills • ClayMaze.com

MULTIPLY BY: 0 to 12

Name _____ Date _____

Time: ☐ : ☐ Score: ☐ /64

1) 12 ×9	2) 3 ×10	3) 8 ×4	4) 3 ×2	5) 6 ×11	6) 12 ×6	7) 8 ×10	8) 4 ×5
9) 9 ×10	10) 11 ×9	11) 12 ×4	12) 11 ×6	13) 12 ×8	14) 5 ×8	15) 9 ×11	16) 7 ×3
17) 3 ×3	18) 10 ×4	19) 11 ×5	20) 10 ×4	21) 11 ×8	22) 8 ×12	23) 3 ×6	24) 11 ×5
25) 11 ×12	26) 2 ×2	27) 7 ×8	28) 6 ×6	29) 11 ×4	30) 7 ×11	31) 5 ×8	32) 10 ×6
33) 3 ×11	34) 6 ×4	35) 11 ×3	36) 2 ×4	37) 4 ×8	38) 5 ×3	39) 7 ×0	40) 8 ×9
41) 4 ×1	42) 3 ×9	43) 9 ×7	44) 7 ×7	45) 2 ×5	46) 12 ×9	47) 7 ×10	48) 12 ×7
49) 5 ×6	50) 7 ×12	51) 4 ×9	52) 11 ×8	53) 6 ×9	54) 8 ×2	55) 10 ×5	56) 2 ×12
57) 4 ×3	58) 5 ×5	59) 10 ×5	60) 11 ×2	61) 10 ×11	62) 2 ×9	63) 6 ×2	64) 10 ×10

Timed Multiplication Drills • ClayMaze.com

MULTIPLY BY: 0 to 12

Name _____ Date _____

Time: [ ]:[ ]   Score: [ ]/64

1) 8 ×9
2) 7 ×4
3) 10 ×4
4) 2 ×9
5) 9 ×3
6) 6 ×10
7) 4 ×2
8) 4 ×11

9) 7 ×4
10) 3 ×2
11) 10 ×10
12) 12 ×9
13) 2 ×8
14) 12 ×3
15) 3 ×6
16) 3 ×12

17) 6 ×10
18) 6 ×5
19) 7 ×7
20) 3 ×2
21) 4 ×11
22) 7 ×8
23) 6 ×4
24) 8 ×7

25) 12 ×12
26) 4 ×6
27) 7 ×10
28) 5 ×8
29) 3 ×10
30) 9 ×7
31) 2 ×11
32) 12 ×11

33) 12 ×8
34) 11 ×9
35) 0 ×5
36) 11 ×12
37) 1 ×6
38) 12 ×10
39) 9 ×9
40) 10 ×5

41) 2 ×2
42) 12 ×4
43) 3 ×3
44) 6 ×7
45) 8 ×8
46) 6 ×12
47) 11 ×11
48) 5 ×5

49) 5 ×11
50) 9 ×6
51) 8 ×10
52) 4 ×9
53) 6 ×3
54) 4 ×4
55) 5 ×8
56) 9 ×10

57) 6 ×12
58) 2 ×10
59) 10 ×3
60) 2 ×4
61) 8 ×6
62) 12 ×2
63) 11 ×7
64) 9 ×3

Timed Multiplication Drills • ClayMaze.com

MULTIPLY BY: 0 to 12

Name _____ Date _____

Time: ☐ : ☐   Score: ☐ /64

1) 8 × 4
2) 6 × 5
3) 11 × 7
4) 12 × 12
5) 6 × 3
6) 11 × 11
7) 7 × 11
8) 4 × 9

9) 9 × 8
10) 10 × 10
11) 5 × 10
12) 4 × 3
13) 9 × 3
14) 3 × 7
15) 2 × 4
16) 12 × 8

17) 4 × 5
18) 5 × 2
19) 11 × 9
20) 10 × 7
21) 8 × 5
22) 8 × 3
23) 12 × 6
24) 3 × 11

25) 7 × 9
26) 5 × 12
27) 10 × 5
28) 2 × 12
29) 8 × 11
30) 4 × 7
31) 5 × 9
32) 6 × 9

33) 11 × 2
34) 12 × 8
35) 3 × 2
36) 3 × 0
37) 11 × 2
38) 11 × 1
39) 11 × 6
40) 10 × 8

41) 2 × 6
42) 11 × 4
43) 6 × 6
44) 9 × 9
45) 8 × 6
46) 9 × 6
47) 4 × 4
48) 5 × 11

49) 6 × 7
50) 2 × 4
51) 10 × 9
52) 2 × 6
53) 7 × 7
54) 8 × 8
55) 4 × 3
56) 12 × 10

57) 5 × 5
58) 4 × 6
59) 2 × 9
60) 12 × 3
61) 11 × 5
62) 7 × 3
63) 10 × 6
64) 8 × 9

Timed Multiplication Drills • ClayMaze.com

MULTIPLY BY: 0 to 12

Name _____ Date _____

Time: [ ] : [ ]   Score: [ ] /64

1) 7 ×6	2) 10 ×10	3) 7 ×2	4) 9 ×5	5) 3 ×9	6) 10 ×12	7) 3 ×5	8) 10 ×7
9) 3 ×8	10) 10 ×11	11) 3 ×4	12) 10 ×7	13) 12 ×8	14) 3 ×4	15) 12 ×3	16) 11 ×4
17) 8 ×5	18) 10 ×8	19) 4 ×6	20) 5 ×4	21) 10 ×3	22) 10 ×5	23) 3 ×7	24) 2 ×4
25) 3 ×3	26) 9 ×8	27) 12 ×9	28) 6 ×10	29) 12 ×6	30) 12 ×2	31) 4 ×8	32) 2 ×5
33) 12 ×4	34) 6 ×2	35) 10 ×4	36) 11 ×1	37) 12 ×7	38) 5 ×7	39) 6 ×11	40) 8 ×2
41) 7 ×11	42) 6 ×4	43) 6 ×7	44) 11 ×5	45) 0 ×2	46) 2 ×5	47) 10 ×4	48) 11 ×4
49) 5 ×5	50) 10 ×3	51) 12 ×11	52) 2 ×3	53) 5 ×6	54) 7 ×12	55) 12 ×9	56) 2 ×2
57) 11 ×3	58) 2 ×8	59) 11 ×8	60) 2 ×7	61) 7 ×4	62) 3 ×5	63) 11 ×11	64) 11 ×10

Timed Multiplication Drills • ClayMaze.com

MULTIPLY BY: 0 to 12

Name _____ Date _____

Time: [ ] : [ ]   Score: [ ] /64

1) 6 ×3
2) 2 ×7
3) 6 ×2
4) 12 ×7
5) 10 ×7
6) 12 ×4
7) 9 ×8
8) 7 ×6

9) 12 ×12
10) 4 ×9
11) 2 ×2
12) 7 ×7
13) 11 ×5
14) 9 ×11
15) 2 ×5
16) 10 ×8

17) 5 ×2
18) 10 ×10
19) 12 ×7
20) 9 ×10
21) 2 ×11
22) 12 ×3
23) 11 ×11
24) 4 ×7

25) 4 ×6
26) 7 ×3
27) 9 ×5
28) 7 ×5
29) 9 ×6
30) 3 ×4
31) 12 ×8
32) 4 ×8

33) 6 ×8
34) 10 ×4
35) 6 ×5
36) 4 ×5
37) 3 ×11
38) 1 ×6
39) 10 ×5
40) 6 ×10

41) 5 ×5
42) 9 ×11
43) 5 ×7
44) 12 ×9
45) 5 ×6
46) 8 ×11
47) 8 ×6
48) 10 ×11

49) 11 ×4
50) 3 ×5
51) 12 ×6
52) 10 ×7
53) 2 ×10
54) 11 ×3
55) 8 ×4
56) 4 ×7

57) 3 ×10
58) 2 ×11
59) 10 ×9
60) 10 ×8
61) 4 ×11
62) 8 ×9
63) 12 ×9
64) 8 ×12

Timed Multiplication Drills • ClayMaze.com

MULTIPLY BY: 0 to 12

Name _____ Date _____

Time: ☐ : ☐   Score: ☐ /64

1) 10 ×8
2) 12 ×11
3) 6 ×8
4) 9 ×5
5) 3 ×3
6) 11 ×6
7) 9 ×4
8) 3 ×8

9) 7 ×7
10) 2 ×4
11) 5 ×8
12) 4 ×6
13) 12 ×11
14) 12 ×4
15) 5 ×8
16) 7 ×5

17) 10 ×5
18) 8 ×6
19) 4 ×4
20) 9 ×8
21) 9 ×5
22) 10 ×4
23) 9 ×3
24) 9 ×12

25) 11 ×2
26) 5 ×3
27) 6 ×3
28) 11 ×3
29) 7 ×6
30) 8 ×8
31) 12 ×12
32) 5 ×2

33) 6 ×5
34) 12 ×8
35) 9 ×4
36) 8 ×2
37) 6 ×12
38) 4 ×11
39) 2 ×9
40) 8 ×7

41) 11 ×5
42) 3 ×4
43) 10 ×11
44) 2 ×5
45) 2 ×4
46) 4 ×5
47) 10 ×8
48) 11 ×9

49) 11 ×4
50) 5 ×12
51) 2 ×2
52) 7 ×6
53) 9 ×7
54) 9 ×9
55) 12 ×5
56) 11 ×10

57) 5 ×5
58) 9 ×8
59) 10 ×4
60) 9 ×7
61) 10 ×10
62) 12 ×3
63) 10 ×2
64) 10 ×5

Timed Multiplication Drills • ClayMaze.com

MULTIPLY BY: 0 to 12

Name _____ Date _____

Time: ☐ : ☐   Score: ☐ /64

1) 8 ×3	2) 11 ×9	3) 12 ×11	4) 10 ×5	5) 6 ×6	6) 4 ×11	7) 9 ×9	8) 8 ×6
9) 8 ×10	10) 10 ×5	11) 3 ×9	12) 8 ×2	13) 8 ×11	14) 10 ×12	15) 4 ×3	16) 10 ×7
17) 6 ×5	18) 10 ×2	19) 11 ×11	20) 6 ×9	21) 3 ×2	22) 7 ×9	23) 7 ×4	24) 12 ×11
25) 4 ×7	26) 5 ×2	27) 10 ×4	28) 7 ×5	29) 6 ×9	30) 4 ×4	31) 4 ×5	32) 3 ×7
33) 8 ×12	34) 12 ×6	35) 9 ×2	36) 8 ×7	37) 0 ×11	38) 2 ×9	39) 3 ×9	40) 6 ×4
41) 3 ×4	42) 12 ×2	43) 7 ×7	44) 7 ×10	45) 11 ×5	46) 4 ×8	47) 10 ×6	48) 3 ×3
49) 9 ×8	50) 5 ×12	51) 8 ×5	52) 11 ×6	53) 8 ×12	54) 6 ×8	55) 5 ×3	56) 12 ×9
57) 6 ×2	58) 5 ×3	59) 5 ×5	60) 11 ×3	61) 3 ×10	62) 5 ×7	63) 2 ×2	64) 11 ×10

Timed Multiplication Drills • ClayMaze.com

MULTIPLY BY: 0 to 12

Name _____ Date _____

Time: ☐:☐   Score: ☐/64

1) 4 ×5	2) 6 ×12	3) 4 ×7	4) 11 ×5	5) 11 ×9	6) 10 ×10	7) 9 ×6	8) 8 ×2
9) 3 ×7	10) 2 ×11	11) 3 ×4	12) 4 ×9	13) 2 ×5	14) 3 ×7	15) 9 ×8	16) 8 ×12
17) 7 ×10	18) 6 ×3	19) 11 ×10	20) 7 ×8	21) 5 ×8	22) 2 ×10	23) 10 ×11	24) 3 ×12
25) 5 ×4	26) 3 ×11	27) 10 ×5	28) 6 ×8	29) 2 ×12	30) 4 ×11	31) 8 ×8	32) 12 ×6
33) 5 ×5	34) 11 ×1	35) 8 ×4	36) 2 ×7	37) 12 ×11	38) 2 ×9	39) 4 ×12	40) 12 ×9
41) 4 ×9	42) 7 ×12	43) 5 ×6	44) 5 ×10	45) 5 ×12	46) 6 ×8	47) 9 ×3	48) 7 ×6
49) 4 ×10	50) 6 ×7	51) 3 ×3	52) 12 ×7	53) 4 ×2	54) 7 ×10	55) 4 ×2	56) 3 ×4
57) 2 ×3	58) 3 ×11	59) 9 ×5	60) 11 ×6	61) 12 ×5	62) 8 ×11	63) 9 ×6	64) 11 ×12

Timed Multiplication Drills • ClayMaze.com

MULTIPLY BY: 0 to 12

Name _____ Date _____

Time: ☐ : ☐   Score: ☐ /64

1) 5 ×8	2) 3 ×10	3) 12 ×2	4) 12 ×8	5) 11 ×12	6) 9 ×6	7) 4 ×5	8) 3 ×2
9) 10 ×6	10) 8 ×4	11) 10 ×9	12) 2 ×11	13) 5 ×3	14) 2 ×9	15) 11 ×6	16) 4 ×12
17) 10 ×7	18) 7 ×5	19) 7 ×3	20) 12 ×10	21) 9 ×10	22) 7 ×4	23) 6 ×5	24) 12 ×10
25) 6 ×2	26) 10 ×5	27) 4 ×9	28) 4 ×11	29) 12 ×6	30) 12 ×9	31) 2 ×9	32) 8 ×6
33) 8 ×12	34) 7 ×2	35) 11 ×5	36) 8 ×2	37) 2 ×10	38) 4 ×1	39) 8 ×8	40) 0 ×2
41) 3 ×3	42) 12 ×11	43) 5 ×4	44) 3 ×5	45) 7 ×9	46) 5 ×5	47) 6 ×6	48) 7 ×4
49) 8 ×10	50) 2 ×7	51) 10 ×6	52) 8 ×11	53) 9 ×11	54) 2 ×6	55) 2 ×5	56) 9 ×9
57) 2 ×4	58) 11 ×3	59) 10 ×8	60) 7 ×12	61) 8 ×7	62) 10 ×4	63) 8 ×6	64) 4 ×6

Timed Multiplication Drills • ClayMaze.com

MULTIPLY BY: 0 to 12

Name _____ Date _____

Time: ☐ : ☐   Score: ☐ /64

1) 12 ×6	2) 6 ×10	3) 2 ×8	4) 9 ×4	5) 6 ×8	6) 10 ×9	7) 8 ×10	8) 5 ×3
9) 3 ×9	10) 5 ×6	11) 7 ×12	12) 11 ×2	13) 10 ×4	14) 11 ×5	15) 12 ×10	16) 9 ×11
17) 12 ×4	18) 10 ×9	19) 2 ×7	20) 11 ×12	21) 12 ×3	22) 2 ×4	23) 6 ×3	24) 5 ×7
25) 2 ×2	26) 4 ×5	27) 12 ×6	28) 8 ×12	29) 2 ×10	30) 2 ×6	31) 7 ×6	32) 10 ×7
33) 3 ×9	34) 11 ×10	35) 1 ×1	36) 2 ×11	37) 5 ×9	38) 10 ×10	39) 5 ×5	40) 8 ×6
41) 4 ×4	42) 6 ×11	43) 3 ×3	44) 12 ×12	45) 4 ×7	46) 2 ×9	47) 7 ×9	48) 9 ×5
49) 12 ×9	50) 5 ×6	51) 12 ×5	52) 3 ×7	53) 6 ×9	54) 12 ×3	55) 4 ×3	56) 5 ×10
57) 2 ×3	58) 7 ×7	59) 8 ×11	60) 7 ×12	61) 10 ×2	62) 8 ×9	63) 2 ×7	64) 7 ×4

Timed Multiplication Drills ▪ ClayMaze.com

MULTIPLY BY: 0 to 12

Name _____ Date _____

Time: [ ] : [ ]   Score: [ ] /64

1) 4 ×10	2) 6 ×8	3) 8 ×12	4) 9 ×11	5) 7 ×9	6) 4 ×11	7) 6 ×6	8) 2 ×9
9) 10 ×12	10) 10 ×4	11) 12 ×9	12) 8 ×8	13) 4 ×8	14) 5 ×7	15) 8 ×9	16) 9 ×10
17) 9 ×3	18) 12 ×4	19) 7 ×10	20) 8 ×5	21) 12 ×5	22) 7 ×2	23) 9 ×12	24) 5 ×3
25) 10 ×6	26) 9 ×9	27) 2 ×10	28) 5 ×9	29) 5 ×6	30) 2 ×2	31) 8 ×6	32) 11 ×4
33) 11 ×5	34) 0 ×12	35) 1 ×6	36) 7 ×4	37) 2 ×6	38) 6 ×7	39) 7 ×8	40) 10 ×2
41) 12 ×6	42) 6 ×2	43) 12 ×8	44) 3 ×2	45) 2 ×5	46) 10 ×11	47) 2 ×3	48) 8 ×2
49) 7 ×7	50) 12 ×2	51) 4 ×8	52) 2 ×9	53) 4 ×5	54) 8 ×11	55) 11 ×6	56) 4 ×9
57) 11 ×12	58) 11 ×9	59) 4 ×12	60) 7 ×3	61) 8 ×10	62) 5 ×6	63) 4 ×3	64) 11 ×7

Timed Multiplication Drills ▪ ClayMaze.com

MULTIPLY BY: 0 to 12

Name _____ Date _____

Time: ☐ : ☐   Score: ☐ /64

1) 8 x4	2) 7 x9	3) 5 x2	4) 4 x3	5) 10 x11	6) 5 x9	7) 10 x10	8) 5 x4
9) 3 x10	10) 10 x4	11) 10 x12	12) 8 x7	13) 11 x3	14) 5 x3	15) 7 x2	16) 12 x9
17) 11 x4	18) 6 x2	19) 6 x4	20) 11 x9	21) 4 x7	22) 7 x3	23) 12 x3	24) 11 x5
25) 6 x12	26) 3 x8	27) 8 x2	28) 5 x12	29) 5 x9	30) 2 x12	31) 8 x7	32) 8 x8
33) 3 x3	34) 4 x0	35) 6 x6	36) 11 x2	37) 3 x2	38) 11 x10	39) 7 x12	40) 2 x4
41) 2 x7	42) 12 x8	43) 6 x5	44) 8 x2	45) 5 x7	46) 9 x10	47) 9 x2	48) 8 x5
49) 11 x7	50) 3 x7	51) 6 x12	52) 12 x4	53) 4 x6	54) 6 x11	55) 5 x12	56) 3 x8
57) 10 x8	58) 10 x6	59) 10 x9	60) 6 x11	61) 12 x11	62) 4 x5	63) 4 x2	64) 9 x9

Timed Multiplication Drills • ClayMaze.com

MULTIPLY BY: 0 to 12

Name _____ Date _____

Time: ___:___   Score: ___/64

1) 8 × 5
2) 2 × 2
3) 5 × 9
4) 11 × 5
5) 7 × 12
6) 3 × 8
7) 6 × 9
8) 11 × 10

9) 11 × 2
10) 7 × 4
11) 12 × 6
12) 10 × 12
13) 2 × 11
14) 4 × 11
15) 3 × 11
16) 6 × 2

17) 12 × 9
18) 3 × 10
19) 10 × 5
20) 8 × 9
21) 3 × 9
22) 2 × 10
23) 4 × 6
24) 11 × 12

25) 3 × 3
26) 6 × 12
27) 12 × 2
28) 2 × 10
29) 3 × 2
30) 12 × 12
31) 8 × 2
32) 9 × 4

33) 11 × 10
34) 7 × 11
35) 0 × 3
36) 7 × 3
37) 7 × 4
38) 2 × 4
39) 10 × 10
40) 1 × 4

41) 11 × 4
42) 12 × 4
43) 9 × 2
44) 5 × 10
45) 9 × 2
46) 12 × 9
47) 11 × 8
48) 10 × 12

49) 10 × 9
50) 12 × 7
51) 5 × 4
52) 6 × 8
53) 9 × 11
54) 10 × 6
55) 9 × 7
56) 11 × 11

57) 4 × 12
58) 11 × 5
59) 10 × 3
60) 6 × 11
61) 12 × 3
62) 9 × 6
63) 3 × 2
64) 2 × 4

Timed Multiplication Drills • ClayMaze.com

MULTIPLY BY: 0 to 12

Name _____ Date _____

Time: ☐ : ☐   Score: ☐ /64

1) 6 ×5	2) 10 ×12	3) 3 ×6	4) 7 ×4	5) 5 ×6	6) 3 ×3	7) 2 ×10	8) 4 ×6
9) 9 ×8	10) 9 ×12	11) 7 ×2	12) 9 ×2	13) 7 ×2	14) 5 ×11	15) 3 ×8	16) 7 ×7
17) 2 ×2	18) 9 ×6	19) 8 ×11	20) 4 ×2	21) 5 ×10	22) 8 ×9	23) 11 ×4	24) 6 ×6
25) 6 ×7	26) 8 ×5	27) 8 ×7	28) 4 ×3	29) 9 ×12	30) 9 ×2	31) 6 ×8	32) 8 ×4
33) 3 ×5	34) 1 ×4	35) 11 ×9	36) 5 ×12	37) 2 ×5	38) 10 ×3	39) 9 ×5	40) 7 ×5
41) 9 ×3	42) 6 ×11	43) 12 ×12	44) 2 ×10	45) 10 ×10	46) 7 ×0	47) 2 ×12	48) 8 ×5
49) 2 ×5	50) 4 ×9	51) 2 ×12	52) 9 ×5	53) 11 ×4	54) 6 ×12	55) 3 ×2	56) 8 ×7
57) 8 ×8	58) 11 ×11	59) 5 ×12	60) 10 ×5	61) 6 ×8	62) 9 ×6	63) 11 ×10	64) 8 ×12

Timed Multiplication Drills • ClayMaze.com

MULTIPLY BY: 0 to 12

Name _____ Date _____

Time: ☐ : ☐   Score: ☐ /64

1) 7 × 11
2) 2 × 3
3) 11 × 2
4) 3 × 12
5) 8 × 6
6) 7 × 8
7) 10 × 4
8) 11 × 6

9) 11 × 4
10) 12 × 5
11) 10 × 7
12) 11 × 2
13) 6 × 3
14) 9 × 3
15) 11 × 7
16) 4 × 10

17) 10 × 3
18) 3 × 4
19) 9 × 12
20) 9 × 11
21) 3 × 7
22) 8 × 7
23) 10 × 6
24) 5 × 4

25) 12 × 11
26) 4 × 4
27) 3 × 10
28) 4 × 8
29) 5 × 10
30) 12 × 9
31) 6 × 9
32) 3 × 11

33) 8 × 8
34) 12 × 2
35) 9 × 5
36) 11 × 11
37) 5 × 7
38) 4 × 2
39) 9 × 9
40) 5 × 2

41) 4 × 7
42) 11 × 6
43) 9 × 7
44) 6 × 10
45) 11 × 8
46) 10 × 2
47) 4 × 7
48) 12 × 6

49) 11 × 3
50) 7 × 6
51) 12 × 12
52) 8 × 3
53) 9 × 2
54) 12 × 7
55) 2 × 4
56) 7 × 5

57) 3 × 3
58) 10 × 5
59) 10 × 11
60) 2 × 2
61) 5 × 6
62) 10 × 8
63) 5 × 5
64) 11 × 8

Timed Multiplication Drills · ClayMaze.com

MULTIPLY BY: 0 to 12

Name _____ Date _____

Time: ☐ : ☐   Score: ☐ /64

1) 3 ×5
2) 10 ×7
3) 7 ×9
4) 8 ×5
5) 12 ×7
6) 11 ×6
7) 4 ×3
8) 8 ×2

9) 11 ×4
10) 8 ×6
11) 4 ×7
12) 11 ×12
13) 5 ×2
14) 9 ×10
15) 6 ×9
16) 10 ×5

17) 5 ×5
18) 8 ×4
19) 3 ×2
20) 3 ×9
21) 2 ×2
22) 10 ×8
23) 4 ×9
24) 7 ×6

25) 3 ×7
26) 12 ×9
27) 2 ×10
28) 2 ×6
29) 7 ×7
30) 5 ×11
31) 12 ×8
32) 11 ×12

33) 4 ×5
34) 4 ×6
35) 8 ×9
36) 11 ×4
37) 8 ×10
38) 4 ×4
39) 3 ×10
40) 4 ×2

41) 9 ×2
42) 9 ×1
43) 4 ×6
44) 12 ×9
45) 2 ×12
46) 7 ×5
47) 12 ×3
48) 2 ×8

49) 12 ×7
50) 8 ×3
51) 10 ×5
52) 12 ×12
53) 7 ×2
54) 11 ×6
55) 6 ×5
56) 7 ×2

57) 10 ×6
58) 4 ×7
59) 5 ×2
60) 0 ×5
61) 8 ×11
62) 12 ×10
63) 3 ×12
64) 6 ×10

Timed Multiplication Drills • ClayMaze.com

MULTIPLY BY: 0 to 12

Name _____ Date _____

Time: ☐ : ☐   Score: ☐ /64

1) 8 ×8
2) 9 ×5
3) 3 ×10
4) 12 ×11
5) 3 ×12
6) 11 ×9
7) 5 ×9
8) 4 ×8

9) 3 ×5
10) 8 ×9
11) 8 ×7
12) 2 ×3
13) 10 ×6
14) 12 ×2
15) 11 ×4
16) 9 ×2

17) 5 ×5
18) 9 ×3
19) 12 ×6
20) 5 ×10
21) 12 ×9
22) 6 ×6
23) 5 ×11
24) 9 ×7

25) 11 ×5
26) 8 ×5
27) 3 ×9
28) 2 ×11
29) 3 ×8
30) 2 ×7
31) 9 ×6
32) 8 ×7

33) 7 ×10
34) 4 ×7
35) 11 ×2
36) 12 ×12
37) 3 ×3
38) 0 ×8
39) 2 ×9
40) 12 ×5

41) 2 ×12
42) 3 ×6
43) 3 ×10
44) 2 ×4
45) 11 ×10
46) 8 ×5
47) 6 ×7
48) 4 ×11

49) 7 ×6
50) 12 ×5
51) 6 ×2
52) 7 ×10
53) 4 ×8
54) 3 ×11
55) 2 ×2
56) 3 ×8

57) 2 ×6
58) 4 ×4
59) 9 ×6
60) 8 ×12
61) 6 ×11
62) 4 ×6
63) 10 ×4
64) 7 ×12

Timed Multiplication Drills • ClayMaze.com

MULTIPLY BY: 0 to 12

Name _____ Date _____

Time: ☐ : ☐   Score: ☐ /64

1) 6 ×8	2) 3 ×3	3) 7 ×11	4) 4 ×2	5) 7 ×3	6) 4 ×12	7) 12 ×8	8) 3 ×2
9) 3 ×5	10) 10 ×6	11) 9 ×8	12) 11 ×2	13) 3 ×12	14) 9 ×3	15) 10 ×5	16) 12 ×4
17) 8 ×2	18) 11 ×4	19) 5 ×10	20) 4 ×2	21) 3 ×10	22) 7 ×2	23) 3 ×6	24) 8 ×11
25) 7 ×5	26) 9 ×11	27) 12 ×5	28) 10 ×3	29) 5 ×2	30) 12 ×11	31) 12 ×10	32) 4 ×9
33) 8 ×5	34) 4 ×7	35) 6 ×2	36) 2 ×10	37) 1 ×3	38) 0 ×3	39) 8 ×11	40) 3 ×6
41) 4 ×4	42) 5 ×3	43) 5 ×11	44) 5 ×6	45) 11 ×5	46) 7 ×8	47) 2 ×9	48) 2 ×8
49) 9 ×12	50) 10 ×7	51) 11 ×2	52) 12 ×12	53) 6 ×4	54) 7 ×11	55) 11 ×6	56) 7 ×9
57) 10 ×6	58) 8 ×9	59) 3 ×7	60) 12 ×6	61) 2 ×5	62) 9 ×3	63) 11 ×10	64) 8 ×4

Timed Multiplication Drills • ClayMaze.com

MULTIPLY BY: 0 to 12

Name _____   Date _____

Time: ☐ : ☐   Score: ☐ /64

1) 10 ×5
2) 6 ×8
3) 7 ×11
4) 3 ×8
5) 11 ×8
6) 6 ×12
7) 11 ×4
8) 2 ×6

9) 8 ×8
10) 5 ×5
11) 4 ×12
12) 10 ×2
13) 5 ×6
14) 7 ×5
15) 10 ×4
16) 3 ×6

17) 10 ×4
18) 7 ×9
19) 9 ×5
20) 6 ×6
21) 2 ×12
22) 10 ×2
23) 3 ×7
24) 5 ×9

25) 12 ×10
26) 2 ×2
27) 11 ×8
28) 9 ×8
29) 7 ×6
30) 3 ×7
31) 9 ×11
32) 4 ×12

33) 4 ×7
34) 12 ×3
35) 1 ×2
36) 10 ×12
37) 5 ×11
38) 9 ×9
39) 8 ×0
40) 10 ×7

41) 2 ×3
42) 3 ×9
43) 11 ×12
44) 8 ×12
45) 11 ×10
46) 8 ×5
47) 11 ×11
48) 3 ×4

49) 8 ×5
50) 4 ×4
51) 12 ×8
52) 11 ×9
53) 9 ×8
54) 5 ×4
55) 11 ×4
56) 12 ×2

57) 7 ×7
58) 2 ×5
59) 11 ×2
60) 7 ×8
61) 4 ×7
62) 2 ×3
63) 5 ×12
64) 7 ×2

Timed Multiplication Drills · ClayMaze.com

MULTIPLY BY: 0 to 12

Name _____ Date _____

Time: ☐ : ☐   Score: ☐ /64

1) 8 ×6	2) 4 ×8	3) 7 ×2	4) 7 ×8	5) 3 ×5	6) 9 ×9	7) 12 ×7	8) 12 ×12
9) 2 ×8	10) 2 ×9	11) 6 ×7	12) 11 ×4	13) 12 ×3	14) 5 ×5	15) 6 ×12	16) 7 ×5
17) 12 ×10	18) 12 ×9	19) 2 ×4	20) 11 ×3	21) 3 ×9	22) 4 ×11	23) 7 ×10	24) 4 ×4
25) 12 ×5	26) 8 ×8	27) 2 ×3	28) 9 ×8	29) 3 ×11	30) 6 ×6	31) 8 ×6	32) 9 ×2
33) 6 ×11	34) 4 ×10	35) 6 ×3	36) 5 ×2	37) 2 ×0	38) 12 ×2	39) 8 ×7	40) 4 ×3
41) 10 ×9	42) 2 ×5	43) 10 ×5	44) 3 ×3	45) 11 ×7	46) 10 ×10	47) 2 ×11	48) 3 ×7
49) 2 ×7	50) 10 ×11	51) 8 ×4	52) 7 ×4	53) 9 ×6	54) 6 ×4	55) 5 ×4	56) 7 ×12
57) 11 ×9	58) 5 ×8	59) 10 ×8	60) 7 ×11	61) 7 ×3	62) 3 ×4	63) 7 ×10	64) 5 ×8

Timed Multiplication Drills • ClayMaze.com

MULTIPLY BY: 0 to 12

Name _____   Date _____

Time: ☐ : ☐   Score: ☐ /64

1) 6 ×2	2) 11 ×12	3) 3 ×10	4) 3 ×2	5) 8 ×11	6) 2 ×5	7) 7 ×3	8) 2 ×4
9) 12 ×11	10) 12 ×3	11) 2 ×2	12) 3 ×4	13) 8 ×4	14) 11 ×10	15) 12 ×5	16) 12 ×6
17) 4 ×6	18) 9 ×6	19) 6 ×7	20) 10 ×9	21) 12 ×12	22) 11 ×7	23) 6 ×4	24) 3 ×6
25) 8 ×9	26) 2 ×8	27) 5 ×4	28) 6 ×5	29) 6 ×11	30) 9 ×2	31) 2 ×10	32) 9 ×11
33) 2 ×12	34) 0 ×5	35) 3 ×3	36) 11 ×2	37) 3 ×11	38) 5 ×11	39) 11 ×4	40) 4 ×7
41) 4 ×2	42) 6 ×11	43) 9 ×5	44) 4 ×3	45) 8 ×2	46) 3 ×10	47) 5 ×8	48) 3 ×5
49) 3 ×9	50) 7 ×12	51) 3 ×12	52) 5 ×7	53) 12 ×6	54) 10 ×2	55) 2 ×9	56) 6 ×5
57) 7 ×11	58) 12 ×8	59) 2 ×3	60) 11 ×11	61) 7 ×10	62) 6 ×10	63) 9 ×7	64) 4 ×4

Timed Multiplication Drills • ClayMaze.com

MULTIPLY BY: 0 to 12

Name _____ Date _____

Time: ☐:☐   Score: ☐/64

1) 12 ×8	2) 10 ×3	3) 3 ×4	4) 7 ×5	5) 10 ×10	6) 6 ×8	7) 4 ×9	8) 6 ×3
9) 11 ×12	10) 8 ×5	11) 3 ×2	12) 8 ×6	13) 7 ×9	14) 5 ×11	15) 2 ×11	16) 8 ×5
17) 10 ×3	18) 7 ×6	19) 2 ×9	20) 8 ×10	21) 10 ×2	22) 8 ×3	23) 6 ×5	24) 8 ×8
25) 6 ×9	26) 5 ×9	27) 5 ×2	28) 12 ×4	29) 8 ×9	30) 11 ×11	31) 12 ×6	32) 5 ×3
33) 8 ×11	34) 6 ×11	35) 2 ×12	36) 7 ×12	37) 10 ×8	38) 5 ×5	39) 4 ×11	40) 12 ×11
41) 3 ×0	42) 5 ×11	43) 4 ×11	44) 11 ×3	45) 6 ×2	46) 10 ×12	47) 2 ×7	48) 10 ×6
49) 7 ×4	50) 9 ×3	51) 4 ×6	52) 12 ×4	53) 11 ×3	54) 9 ×12	55) 10 ×2	56) 6 ×7
57) 12 ×12	58) 10 ×9	59) 3 ×4	60) 10 ×5	61) 3 ×5	62) 9 ×10	63) 3 ×12	64) 10 ×7

Timed Multiplication Drills ▪ ClayMaze.com

MULTIPLY BY: 0 to 12

Name _____ Date _____

Time: [ ]:[ ]   Score: [ ]/64

1) 8 × 8
2) 8 × 2
3) 5 × 7
4) 10 × 6
5) 5 × 2
6) 12 × 11
7) 9 × 7
8) 5 × 9

9) 5 × 11
10) 8 × 10
11) 9 × 3
12) 3 × 11
13) 10 × 12
14) 12 × 6
15) 5 × 5
16) 12 × 10

17) 8 × 11
18) 12 × 9
19) 9 × 9
20) 12 × 2
21) 8 × 9
22) 4 × 7
23) 4 × 6
24) 6 × 9

25) 10 × 9
26) 4 × 5
27) 10 × 5
28) 12 × 5
29) 3 × 7
30) 3 × 11
31) 11 × 9
32) 3 × 7

33) 4 × 11
34) 2 × 0
35) 7 × 7
36) 3 × 4
37) 4 × 6
38) 4 × 4
39) 5 × 9
40) 5 × 7

41) 7 × 12
42) 4 × 9
43) 10 × 5
44) 2 × 8
45) 2 × 9
46) 5 × 11
47) 4 × 10
48) 11 × 8

49) 10 × 9
50) 6 × 11
51) 8 × 7
52) 3 × 2
53) 7 × 10
54) 6 × 8
55) 2 × 11
56) 8 × 3

57) 6 × 6
58) 2 × 11
59) 3 × 6
60) 12 × 5
61) 11 × 11
62) 2 × 9
63) 6 × 12
64) 4 × 10

Timed Multiplication Drills • ClayMaze.com

SECTION

SOLUTIONS TO PROBLEMS

For Sections: 1-5

Solutions to Problems

PAGE 2

2	0	1	0	5	6	3	0
4	9	2	5	3	7	0	4
0	2	0	8	0	8	2	3
6	7	1	0	2	0	4	0
5	0	6	7	0	3	0	5
9	8	3	5	8	1	7	3
7	6	1	0	1	3	8	0
4	7	0	4	0	1	0	8

PAGE 3

2	0	4	0	6	0	5	2
6	3	1	8	0	7	0	7
4	9	4	6	4	0	1	9
0	4	0	1	0	4	0	5
8	5	2	4	7	3	4	0
7	0	1	0	6	5	2	4
0	6	8	6	2	0	4	0
5	1	4	7	1	3	0	8

PAGE 4

4	1	7	0	9	0	5	0
5	0	4	3	0	2	1	4
3	7	3	9	2	6	7	0
8	9	0	8	0	7	9	4
7	0	3	0	4	1	2	0
4	7	9	8	0	3	9	3
0	3	5	0	7	0	4	0
1	0	6	3	5	1	0	7

PAGE 5

8	18	8	2	6	14	12	18
14	2	10	14	2	8	6	0
2	6	12	0	12	14	2	14
8	14	2	4	2	18	12	10
12	4	16	6	8	16	6	14
6	8	14	16	12	4	16	4
18	4	10	14	6	2	8	12
14	12	6	8	2	14	16	14

PAGE 6

14	12	16	8	16	10	4	12
16	10	2	10	12	4	10	8
12	14	8	4	6	8	4	10
8	16	2	18	10	0	12	6
18	6	18	4	14	12	14	2
8	18	12	10	4	16	12	4
12	8	6	2	18	6	14	16
2	12	14	10	6	2	16	10

PAGE 7

8	10	12	8	4	16	10	0
10	0	8	6	12	4	18	4
12	6	4	14	6	8	6	2
4	12	2	16	10	4	12	14
18	10	8	2	4	18	14	4
8	12	2	12	14	10	8	10
18	6	10	18	12	6	18	4
14	8	16	2	8	2	6	12

PAGE 8

2	10	12	2	0	16	12	16
6	0	16	10	4	6	8	2
4	6	10	12	16	14	18	12
2	14	8	18	14	2	14	8
12	18	16	2	10	18	8	14
16	8	12	18	6	14	16	6
14	12	14	16	8	16	10	2
6	2	16	6	2	18	14	4

PAGE 9

2	18	10	6	4	2	16	0
4	2	16	8	18	0	10	16
18	10	8	6	16	12	4	10
2	8	4	16	18	10	18	4
12	16	12	4	10	18	14	6
8	18	14	16	2	14	8	10
2	4	2	10	16	4	16	12
16	6	14	2	6	14	8	4

Solutions to Problems

PAGE 10

0	9	21	18	9	3	9	27
12	24	0	27	6	18	21	18
24	9	24	21	27	9	24	27
9	18	15	18	21	3	27	15
24	27	0	21	12	27	21	0
18	15	18	3	9	21	12	18
21	24	27	18	3	6	0	9
15	3	0	6	24	21	9	21

PAGE 11

12	18	3	24	9	15	21	0
15	9	18	3	0	12	27	21
3	18	9	24	6	21	6	15
12	3	6	9	0	3	21	18
0	6	12	3	12	6	27	24
18	12	21	24	18	24	6	9
15	18	15	12	9	27	9	21
18	24	21	15	18	0	6	12

PAGE 12

21	24	15	3	9	15	12	21
18	9	21	9	24	27	3	27
9	24	6	27	21	9	15	9
0	21	9	0	18	12	9	21
15	12	24	18	24	0	18	0
6	9	3	21	27	18	9	15
3	6	27	18	3	24	6	18
24	21	24	3	21	9	12	3

PAGE 13

15	18	12	15	6	21	15	0
24	21	0	21	3	9	12	3
6	9	12	9	6	18	6	24
27	12	6	21	0	27	21	0
21	9	12	27	21	12	9	27
6	18	21	6	9	27	15	24
15	3	18	9	18	9	0	3
0	12	6	27	21	12	21	18

PAGE 14

12	3	18	27	18	24	6	9
21	18	0	18	15	12	21	6
27	15	18	27	21	3	12	24
6	27	21	6	15	21	24	12
24	6	18	27	12	15	0	27
12	15	9	15	9	6	21	12
27	0	27	3	18	27	12	27
6	18	24	21	9	3	27	9

PAGE 15

0	2	18	0	9	4	7	18
9	8	4	24	18	24	18	21
16	27	12	27	6	27	9	0
2	0	6	15	12	21	4	18
24	12	14	18	10	6	9	8
6	24	27	12	0	15	2	18
15	18	3	27	12	8	16	10
14	8	14	18	15	9	10	6

PAGE 16

24	4	0	8	6	15	18	3
18	7	6	14	18	4	21	18
24	4	27	4	9	12	8	0
18	27	10	12	16	9	7	10
16	4	18	21	18	10	12	9
14	10	6	18	12	0	2	15
8	16	18	12	18	14	10	6
18	21	6	24	6	16	18	8

PAGE 17

8	27	0	21	0	27	0	8
2	6	16	8	16	6	8	6
12	16	12	6	8	9	3	9
0	10	16	0	12	10	4	12
24	12	10	6	10	18	16	14
6	14	6	18	6	2	15	8
9	0	21	9	10	14	6	21
6	14	27	10	8	10	4	18

Solutions to Problems

PAGE 18

6	7	0	4	3	0	18	12
18	6	10	24	18	16	12	4
21	16	6	12	21	4	9	6
0	3	0	24	12	9	10	4
18	21	18	10	18	16	9	12
15	24	9	12	9	0	7	6
3	27	4	16	4	15	18	10
27	6	8	10	8	4	12	18

PAGE 19

10	0	8	0	14	6	27	8
14	6	18	21	27	18	6	16
18	9	21	4	21	10	24	14
0	18	12	14	9	12	6	12
14	10	27	15	16	21	12	16
8	18	12	27	0	24	4	12
7	4	1	21	6	18	24	6
8	12	14	8	24	4	8	16

PAGE 20

2	21	18	0	7	18	8	9
18	10	12	6	4	16	6	8
24	27	10	12	8	18	10	6
3	0	14	0	6	15	16	18
15	14	24	15	18	21	12	8
27	4	12	14	0	3	27	2
15	0	9	4	21	18	24	18
4	12	6	18	10	6	18	12

PAGE 22

12	24	20	0	20	12	0	8
24	36	28	20	32	36	20	28
32	28	24	36	28	24	36	12
36	0	12	24	32	0	8	4
20	28	32	28	36	32	12	8
4	12	24	12	32	4	16	36
12	36	8	36	16	24	20	0
8	24	0	16	24	16	36	24

PAGE 23

8	4	28	36	16	8	0	12
20	32	12	32	36	16	24	28
12	16	20	36	24	12	28	8
16	4	32	12	8	32	16	20
28	0	8	16	12	4	8	28
24	16	24	28	20	24	20	36
28	24	36	8	28	20	36	4
20	12	4	24	32	0	28	24

PAGE 24

20	28	24	36	28	24	32	0
12	36	4	32	8	16	20	16
4	12	20	28	12	20	36	32
20	36	0	24	16	8	16	8
36	24	16	36	20	32	24	36
28	36	4	28	4	24	28	0
16	12	20	32	12	20	8	20
32	20	16	28	16	8	16	36

PAGE 25

28	36	0	32	24	36	20	12
36	16	12	20	32	24	8	4
20	32	36	32	4	8	24	32
8	20	28	36	8	28	36	28
36	16	8	28	32	8	20	16
12	36	28	20	8	24	28	0
8	16	36	32	12	20	36	4
16	32	4	12	28	16	20	16

PAGE 26

32	12	36	20	16	12	24	8
16	4	20	4	24	0	8	12
32	16	28	20	32	24	36	20
24	8	12	28	16	8	16	24
8	32	4	36	32	28	36	0
24	36	8	32	4	32	12	16
20	8	20	16	36	24	32	24
36	12	28	24	32	16	28	36

Timed Multiplication Drills • ClayMaze.com

Solutions to Problems

PAGE 27

15	35	25	35	20	15	25	0
20	40	35	45	15	10	5	45
10	35	10	20	30	5	45	25
45	25	30	15	10	35	30	15
35	0	10	20	30	45	20	45
10	5	25	35	10	15	40	15
40	10	35	10	35	10	15	45
20	40	30	35	45	35	30	40

PAGE 28

35	15	20	40	10	45	15	45
10	45	25	45	20	40	10	20
15	20	45	0	15	20	15	45
20	15	10	35	30	5	10	5
10	25	35	15	45	30	0	40
15	10	30	45	35	40	15	5
25	15	25	20	30	15	35	40
35	5	45	35	15	20	10	15

PAGE 29

15	40	20	5	45	15	20	40
30	10	5	0	25	10	25	30
45	35	15	45	15	40	20	45
20	45	20	25	30	10	40	15
10	20	25	0	25	15	5	40
25	40	5	20	40	45	10	25
40	15	45	35	45	20	25	10
20	30	40	45	20	10	45	35

PAGE 30

40	30	5	20	25	10	45	40
25	5	10	15	0	40	35	25
20	10	40	35	10	45	40	30
15	45	35	40	20	25	45	20
30	0	40	10	40	10	25	35
25	35	15	20	10	25	45	15
5	30	5	25	30	15	25	40
30	10	20	30	25	30	45	30

PAGE 31

30	35	20	35	20	30	0	35
15	45	30	20	25	35	10	25
35	20	5	35	30	40	25	30
20	10	35	10	35	30	15	25
15	30	20	30	0	20	10	15
20	45	35	40	20	15	45	40
15	10	15	30	45	35	10	30
40	15	5	40	30	10	35	10

PAGE 32

18	12	18	24	36	12	36	18
42	54	30	42	48	24	18	24
30	42	12	6	30	0	48	36
12	18	30	54	24	42	30	48
42	12	0	18	30	6	18	54
24	36	30	48	54	30	54	18
42	18	36	12	30	12	36	48
54	30	48	18	42	18	30	24

PAGE 33

24	6	0	12	54	36	18	30
54	24	18	24	30	42	12	18
24	36	12	30	12	30	54	48
42	24	42	12	24	36	42	12
18	0	36	42	18	54	18	48
42	18	54	18	54	36	30	42
6	42	30	48	30	12	42	54
12	24	42	30	24	30	12	42

PAGE 34

42	54	12	54	42	54	24	48
30	18	48	0	12	48	18	42
36	42	54	12	24	12	36	48
18	36	42	30	54	48	54	18
6	24	54	12	42	24	48	42
18	12	36	0	54	42	12	6
12	48	18	36	24	36	54	36
24	54	12	30	54	24	18	54

Solutions to Problems

PAGE 35

12	54	48	30	54	6	30	0
54	12	30	36	30	24	36	18
48	18	24	54	48	36	54	42
36	54	30	18	24	54	24	18
42	6	18	12	30	24	48	54
48	12	48	24	54	0	18	12
24	54	30	36	48	24	30	48
42	24	42	18	54	30	12	24

PAGE 36

48	18	24	6	36	48	30	54
42	30	42	54	18	0	36	18
36	24	18	24	12	24	54	36
18	12	30	42	30	36	42	48
12	42	18	0	48	24	6	12
36	18	48	54	42	30	42	24
30	48	36	48	12	54	24	36
42	30	24	36	24	48	36	30

PAGE 37

45	35	20	24	6	0	16	35
32	18	45	12	35	12	42	30
12	24	8	40	18	36	30	48
42	18	35	30	28	18	36	16
40	24	12	16	24	0	42	10
54	42	25	12	28	24	20	36
42	10	12	24	12	20	12	42
18	36	30	45	36	40	30	24

PAGE 38

12	4	20	36	15	40	24	36
24	30	16	35	0	36	10	42
30	54	42	25	20	12	35	36
18	8	54	24	36	48	54	42
10	12	40	4	28	36	8	0
54	32	25	36	12	16	20	12
28	10	24	12	28	30	15	45
30	25	32	20	30	40	42	12

PAGE 39

15	48	6	0	28	45	28	36
16	18	8	30	10	40	36	20
54	42	30	48	36	25	12	35
30	40	12	35	18	36	32	10
20	12	32	30	16	30	0	6
18	25	24	10	20	45	10	54
25	54	28	48	8	20	24	30
18	20	48	10	54	42	18	35

PAGE 40

10	25	24	30	6	20	30	35
0	10	36	18	48	54	8	20
42	24	32	12	15	32	30	16
30	42	18	20	16	36	12	18
45	24	0	42	5	24	30	35
40	25	15	54	20	42	8	36
54	35	8	42	10	20	45	8
40	25	35	25	42	12	16	40

PAGE 41

24	18	40	36	15	16	54	32
4	0	12	16	42	12	8	20
36	42	30	36	16	30	18	24
48	10	32	54	24	20	45	32
15	48	54	0	30	54	42	45
16	36	16	6	28	20	24	16
40	24	15	40	45	16	12	48
45	28	12	16	20	36	20	24

PAGE 42

20	28	20	0	12	45	20	4
8	16	15	16	48	24	45	20
40	30	54	48	35	45	28	24
36	12	36	54	24	12	36	8
35	0	45	35	20	5	20	36
12	18	16	8	32	12	24	32
36	30	40	45	42	54	15	12
35	45	25	8	24	18	42	24

Solutions to Problems

PAGE 44

28	21	14	35	63	35	7	42
35	63	49	14	28	56	63	49
28	21	42	21	63	14	28	14
21	56	28	42	0	28	14	21
42	21	63	21	35	56	21	28
63	56	21	49	28	49	35	42
35	49	42	28	7	63	49	14
28	56	28	21	63	42	14	42

PAGE 45

21	56	21	49	56	35	14	63
0	14	7	14	28	49	56	49
28	63	21	28	56	21	42	35
63	56	14	63	28	7	21	14
42	28	0	14	63	14	35	42
14	63	35	63	21	28	7	63
7	14	56	35	49	63	21	56
49	21	14	49	35	21	56	49

PAGE 46

7	56	63	42	49	42	35	21
28	35	14	21	42	56	0	35
21	49	42	28	49	63	14	56
28	42	63	21	56	42	49	35
63	35	14	56	21	63	35	28
49	7	28	14	0	28	63	42
7	49	63	35	49	21	56	63
49	28	35	28	42	35	63	21

PAGE 47

21	28	21	35	63	0	7	49
35	63	49	42	35	42	21	35
14	21	28	49	42	56	49	63
49	63	49	56	14	63	28	56
14	28	7	0	63	42	49	7
21	14	49	56	49	63	56	21
49	21	56	49	35	56	49	42
63	49	14	35	42	14	21	28

PAGE 48

42	49	14	28	63	56	42	0
56	28	56	14	7	42	49	35
63	49	28	21	56	63	28	56
28	56	21	49	21	42	63	21
35	63	35	42	56	63	42	63
28	49	28	63	14	7	49	42
14	35	56	14	49	0	56	35
28	63	14	56	28	56	35	63

PAGE 49

48	32	24	48	40	16	56	32
24	8	16	32	64	72	16	48
72	32	72	64	24	64	48	56
40	64	56	72	16	32	24	64
24	56	64	24	48	64	56	48
72	64	72	0	40	56	40	16
56	24	64	56	64	8	16	40
24	64	16	24	40	16	24	64

PAGE 50

64	16	64	32	24	48	40	64
56	32	16	8	40	64	72	24
32	16	72	24	32	56	48	64
56	40	48	72	16	48	64	16
24	48	32	48	40	24	48	0
16	8	72	40	48	40	32	64
32	64	48	16	56	48	16	72
64	56	24	72	64	24	56	40

PAGE 51

8	24	56	64	32	24	16	32
40	72	64	72	56	40	64	16
48	56	32	48	40	56	16	32
64	40	64	56	72	32	48	64
16	8	16	72	56	40	72	24
72	24	32	40	16	48	56	16
0	32	48	24	64	72	48	56
24	56	24	48	24	56	24	64

Solutions to Problems

PAGE 52

32	40	56	40	24	56	64	48
56	24	40	32	72	40	48	40
48	64	8	24	16	64	24	56
32	48	56	16	48	24	32	16
40	0	72	8	16	32	16	48
32	40	64	24	40	48	56	40
24	32	40	48	64	16	72	56
32	24	64	40	56	72	32	48

PAGE 53

24	64	24	8	48	24	32	24
40	32	56	40	32	16	40	72
32	56	40	48	56	24	16	40
56	24	16	64	40	16	24	56
32	64	8	16	32	40	32	0
56	72	56	64	40	16	48	16
32	48	72	48	16	72	24	64
16	56	24	56	48	32	48	24

PAGE 54

72	18	54	63	18	81	45	9
81	63	81	54	63	27	63	36
63	54	72	45	18	81	72	63
45	36	81	36	45	54	45	27
18	81	72	54	81	45	54	72
54	72	36	18	72	18	36	0
27	18	72	63	54	45	9	36
72	63	36	81	72	54	81	45

PAGE 55

18	54	36	72	63	72	27	72
45	9	27	36	18	27	45	18
72	45	81	54	72	36	81	72
81	27	45	18	63	81	54	18
27	9	18	27	72	54	18	27
63	72	36	81	27	72	36	18
45	63	18	45	63	81	54	36
18	72	54	18	36	54	63	81

PAGE 56

72	45	81	18	27	9	18	63
81	54	18	81	54	18	72	27
18	63	54	45	27	72	63	81
72	18	72	81	36	18	54	36
63	54	27	72	54	27	72	9
45	18	63	54	72	18	27	54
27	81	54	18	81	45	72	27
45	18	45	72	27	81	36	18

PAGE 57

45	9	36	72	45	81	27	18
81	27	18	63	81	45	36	27
45	18	45	81	36	27	72	18
27	36	18	63	72	45	36	27
18	81	36	81	9	36	63	18
0	54	81	54	72	81	27	72
18	72	36	45	54	45	36	54
45	81	72	63	18	36	27	45

PAGE 58

36	27	54	36	81	27	18	27
63	9	27	81	18	54	45	54
45	81	72	45	36	18	81	63
54	27	18	27	81	54	63	18
45	54	72	54	63	81	72	9
18	45	36	81	18	0	36	54
45	36	18	72	54	18	72	36
27	72	45	18	45	54	36	27

PAGE 59

42	64	28	56	24	40	18	32
49	9	24	63	42	56	54	56
28	72	28	24	14	45	72	36
63	48	27	49	48	32	40	24
14	32	0	72	28	16	56	81
64	14	28	45	21	63	18	35
27	28	56	48	63	14	72	28
81	27	16	24	32	64	48	81

Solutions to Problems

PAGE 60

56	21	72	18	35	16	56	54
72	18	56	24	49	8	16	72
54	72	42	49	36	64	48	14
35	56	81	40	56	36	21	64
32	72	28	72	54	56	64	7
45	0	42	56	32	27	48	72
27	32	45	81	48	64	81	32
63	81	32	48	72	14	27	63

PAGE 61

21	16	56	7	63	16	32	42
18	24	35	63	54	40	14	28
72	63	81	56	32	72	32	56
64	32	35	27	72	18	40	27
16	56	63	0	27	49	32	42
35	27	32	56	45	72	45	72
32	40	54	28	42	36	56	24
72	16	40	16	40	56	48	35

PAGE 62

36	16	49	14	32	72	18	81
54	63	14	9	40	54	49	21
36	35	56	63	27	49	14	56
63	16	35	21	56	35	72	45
27	56	36	0	54	28	56	54
49	7	21	35	81	27	14	56
81	64	18	49	16	72	32	72
21	14	36	18	36	40	49	48

PAGE 63

56	7	64	16	27	56	32	72
18	56	49	36	56	18	72	14
72	45	48	63	14	63	54	49
81	36	56	42	56	35	27	81
42	16	0	7	45	36	72	21
36	72	49	81	14	45	36	81
40	18	45	28	35	32	49	45
49	40	48	24	72	48	64	28

PAGE 64

32	45	28	45	63	36	40	48
40	7	72	18	72	18	81	21
32	72	56	27	81	64	27	14
48	49	36	35	27	63	14	40
64	42	18	27	56	27	9	63
18	32	63	0	24	56	32	48
35	18	48	16	35	27	49	21
18	27	28	72	18	56	63	35

PAGE 66

88	90	33	110	60	77	100	33
22	55	22	50	70	40	30	11
30	22	60	20	33	80	44	110
50	100	50	110	22	100	60	55
100	80	110	77	0	60	90	88
50	40	50	80	44	33	100	50
70	90	70	30	55	20	66	80
50	30	22	70	100	70	80	22

PAGE 67

100	10	70	20	80	66	20	66
30	99	110	44	70	99	100	40
60	70	50	110	44	22	99	80
70	88	20	77	66	110	77	20
30	55	30	60	22	11	99	44
99	66	22	99	33	20	88	22
30	55	90	60	40	33	50	60
50	20	30	40	0	50	80	30

PAGE 68

60	55	110	11	60	20	77	66
110	33	50	22	40	66	33	70
88	90	20	110	80	22	100	88
60	22	66	90	70	88	66	22
80	30	11	80	100	40	55	0
110	20	70	110	22	99	60	55
60	90	40	22	70	22	55	30
100	77	88	30	88	70	33	88

Solutions to Problems

PAGE 69

22	30	44	20	100	10	30	20
88	60	70	80	55	30	60	99
100	30	66	40	66	77	80	33
50	80	40	66	30	88	70	50
80	60	80	33	10	40	55	60
40	80	99	77	110	90	30	80
22	55	88	30	55	77	66	99
60	88	70	50	30	110	40	100

PAGE 70

36	48	24	60	132	12	48	144
120	36	108	84	72	144	84	96
48	132	144	96	144	120	132	60
108	96	108	48	108	24	48	24
132	60	48	132	84	72	96	108
48	96	84	144	0	84	132	36
60	48	120	96	144	24	108	60
96	144	132	84	120	72	36	72

PAGE 71

24	60	120	60	36	60	120	60
120	96	132	108	132	24	36	24
96	24	96	36	120	108	48	60
24	12	48	120	108	72	24	72
36	48	0	60	36	96	120	60
84	144	108	24	96	24	144	48
72	36	72	48	60	96	72	84
36	84	120	132	144	132	24	72

PAGE 72

96	108	60	36	24	36	24	108
48	132	72	108	60	72	108	12
84	60	108	120	144	36	72	144
132	120	84	96	60	132	120	72
144	60	12	0	96	48	72	24
108	120	132	72	48	72	96	108
72	144	24	132	36	144	60	84
108	24	84	120	48	120	96	132

PAGE 73

48	108	36	72	48	12	84	24
96	24	108	60	84	132	72	120
108	36	96	132	24	84	132	36
120	48	132	144	36	108	24	84
96	36	0	108	60	24	132	60
84	96	108	96	84	72	60	24
72	60	144	84	12	108	132	144
60	96	132	72	36	96	24	132

PAGE 74

84	24	132	48	12	132	72	24
96	84	144	24	96	48	108	36
48	24	120	144	36	84	48	60
84	36	60	120	84	24	108	96
36	0	132	72	36	12	36	24
120	96	36	144	72	36	120	72
132	84	144	48	108	60	24	108
120	132	36	24	120	36	132	144

PAGE 75

24	108	60	72	96	144	120	24
108	144	72	24	36	132	36	120
24	36	132	36	132	60	120	48
12	84	48	144	72	132	48	120
48	36	132	72	120	36	72	132
108	60	84	48	132	48	96	48
36	72	120	144	72	144	120	108
60	36	24	60	48	96	36	84

PAGE 76

60	108	96	36	60	36	84	72
144	84	12	48	72	144	72	132
36	72	108	36	84	24	36	60
84	132	144	84	108	60	72	96
48	0	24	120	144	72	144	24
96	24	84	60	132	144	24	84
24	48	108	84	96	36	96	24
132	120	60	132	12	60	120	96

Solutions to Problems

PAGE 77

110	80	20	108	60	36	80	20
90	110	10	120	33	20	40	30
40	30	66	77	110	55	110	72
55	40	132	120	144	110	144	33
99	110	144	96	48	50	70	132
72	132	110	12	110	0	96	24
120	72	77	90	77	96	77	96
90	110	20	55	120	132	50	144

PAGE 78

96	121	20	77	110	132	12	99
110	66	88	24	90	88	36	84
44	110	84	108	22	132	50	48
66	90	110	22	110	48	96	20
55	40	100	132	50	84	144	66
90	55	70	90	20	120	84	24
132	20	132	77	11	55	110	72
120	60	144	40	77	80	77	108

PAGE 79

88	110	40	99	66	55	99	132
44	22	33	120	30	120	96	70
121	10	120	24	110	50	33	90
77	110	20	96	120	33	120	44
108	48	66	33	80	0	60	80
120	121	120	100	66	30	99	12
30	88	60	108	40	108	110	88
22	144	24	66	96	77	80	20

PAGE 80

48	72	55	36	132	12	24	100
90	50	36	72	40	96	110	66
144	80	24	108	50	132	55	110
72	30	120	96	110	33	132	48
108	44	30	40	30	77	33	90
11	120	132	120	84	48	96	120
48	0	99	96	121	110	84	110
84	22	88	36	120	121	132	55

PAGE 81

70	132	40	88	48	11	72	36
80	120	24	99	120	77	48	60
108	60	88	70	30	110	84	36
50	30	55	40	121	48	132	108
132	84	72	33	70	90	110	40
20	100	144	44	132	120	99	84
55	120	110	55	144	0	60	110
30	100	77	10	84	110	100	72

PAGE 82

33	120	84	80	11	132	70	22
144	70	80	110	120	30	110	44
50	22	108	24	48	99	70	120
60	110	30	55	108	96	60	84
110	50	88	11	132	22	55	110
0	80	132	120	44	132	70	60
50	110	24	55	30	44	50	120
80	90	110	80	100	55	144	22

PAGE 84

48	66	8	42	25	36	60	80
84	56	20	40	33	108	30	12
20	72	40	12	18	28	12	36
77	55	60	132	16	24	15	80
96	0	6	88	45	15	22	16
24	70	18	30	81	6	16	110
30	121	36	35	32	56	24	22
66	32	50	36	110	30	72	60

PAGE 85

24	14	16	55	72	22	90	27
96	32	12	54	48	12	27	40
20	4	60	24	30	21	80	66
33	48	70	55	44	20	84	132
14	88	120	4	6	0	10	96
77	20	18	12	72	99	60	50
40	8	60	24	121	35	99	80
36	28	35	90	56	88	36	33

Solutions to Problems

PAGE 86

108	30	32	6	66	72	80	20
90	99	48	66	96	40	99	21
9	40	55	40	88	96	18	55
132	4	56	36	44	77	40	60
33	24	33	8	32	15	0	72
4	27	63	49	10	108	70	84
30	84	36	88	54	16	50	24
12	25	50	22	110	18	12	100

PAGE 87

72	28	40	18	27	60	8	44
28	6	100	108	16	36	18	36
60	30	49	6	44	56	24	56
144	24	70	40	30	63	22	132
96	99	0	132	6	120	81	50
4	48	9	42	64	72	121	25
55	54	80	36	18	16	40	90
72	20	30	8	48	24	77	27

PAGE 88

32	30	77	144	18	121	77	36
72	100	50	12	27	21	8	96
20	10	99	70	40	24	72	33
63	60	50	24	88	28	45	54
22	96	6	0	22	11	66	80
12	44	36	81	48	54	16	55
42	8	90	12	49	64	12	120
25	24	18	36	55	21	60	72

PAGE 89

42	100	14	45	27	120	15	70
24	110	12	70	96	12	36	44
40	80	24	20	30	50	21	8
9	72	108	60	72	24	32	10
48	12	40	11	84	35	66	16
77	24	42	55	0	10	40	44
25	30	132	6	30	84	108	4
33	16	88	14	28	15	121	110

PAGE 90

18	14	12	84	70	48	72	42
144	36	4	49	55	99	10	80
10	100	84	90	22	36	121	28
24	21	45	35	54	12	96	32
48	40	30	20	33	6	50	60
25	99	35	108	30	88	48	110
44	15	72	70	20	33	32	28
30	22	90	80	44	72	108	96

PAGE 91

80	132	48	45	9	66	36	24
49	8	40	24	132	48	40	35
50	48	16	72	45	40	27	108
22	15	18	33	42	64	144	10
30	96	36	16	72	44	18	56
55	12	110	10	8	20	80	99
44	60	4	42	63	81	60	110
25	72	40	63	100	36	20	50

PAGE 92

24	99	132	50	36	44	81	48
80	50	27	16	88	120	12	70
30	20	121	54	6	63	28	132
28	10	40	35	54	16	20	21
96	72	18	56	0	18	27	24
12	24	49	70	55	32	60	9
72	60	40	66	96	48	15	108
12	15	25	33	30	35	4	110

PAGE 93

20	72	28	55	99	100	54	16
21	22	12	36	10	21	72	96
70	18	110	56	40	20	110	36
20	33	50	48	24	44	64	72
25	11	32	14	132	18	48	108
36	84	30	50	60	48	27	42
40	42	9	84	8	70	8	12
6	33	45	66	60	88	54	132

Solutions to Problems

PAGE 94

40	30	24	96	132	54	20	6
60	32	90	22	15	18	66	48
70	35	21	120	90	28	30	120
12	50	36	44	72	108	18	48
96	14	55	16	20	4	64	0
9	132	20	15	63	25	36	28
80	14	60	88	99	12	10	81
8	33	80	84	56	40	48	24

PAGE 95

72	60	16	36	48	90	80	15
27	30	84	22	40	55	120	99
48	90	14	132	36	8	18	35
4	20	72	96	20	12	42	70
27	110	1	22	45	100	25	48
16	66	9	144	28	18	63	45
108	30	60	21	54	36	12	50
6	49	88	84	20	72	14	28

PAGE 96

40	48	96	99	63	44	36	18
120	40	108	64	32	35	72	90
27	48	70	40	60	14	108	15
60	81	20	45	30	4	48	44
55	0	6	28	12	42	56	20
72	12	96	6	10	110	6	16
49	24	32	18	20	88	66	36
132	99	48	21	80	30	12	77

PAGE 97

32	63	10	12	110	45	100	20
30	40	120	56	33	15	14	108
44	12	24	99	28	21	36	55
72	24	16	60	45	24	56	64
9	0	36	22	6	110	84	8
14	96	30	16	35	90	18	40
77	21	72	48	24	66	60	24
80	60	90	66	132	20	8	81

PAGE 98

40	4	45	55	84	24	54	110
22	28	72	120	22	44	33	12
108	30	50	72	27	20	24	132
9	72	24	20	6	144	16	36
110	77	0	21	28	8	100	4
44	48	18	50	18	108	88	120
90	84	20	48	99	60	63	121
48	55	30	66	36	54	6	8

PAGE 99

30	120	18	28	30	9	20	24
72	108	14	18	14	55	24	49
4	54	88	8	50	72	44	36
42	40	56	12	108	18	48	32
15	4	99	60	10	30	45	35
27	66	144	20	100	0	24	40
10	36	24	45	44	72	6	56
64	121	60	50	48	54	110	96

PAGE 100

77	6	22	36	48	56	40	66
44	60	70	22	18	27	77	40
30	12	108	99	21	56	60	20
132	16	30	32	50	108	54	33
64	24	45	121	35	8	81	10
28	66	63	60	88	20	28	72
33	42	144	24	18	84	8	35
9	50	110	4	30	80	25	88

PAGE 101

15	70	63	40	84	66	12	16
44	48	28	132	10	90	54	50
25	32	6	27	4	80	36	42
21	108	20	12	49	55	96	132
20	24	72	44	80	16	30	8
18	9	24	108	24	35	36	16
84	24	50	144	14	66	30	14
60	28	10	0	88	120	36	60

Solutions to Problems

PAGE 102

64	45	30	132	36	99	45	32
15	72	56	6	60	24	44	18
25	27	72	50	108	36	55	63
55	40	27	22	24	14	54	56
70	28	22	144	9	0	18	60
24	18	30	8	110	40	42	44
42	60	12	70	32	33	4	24
12	16	54	96	66	24	40	84

PAGE 103

48	9	77	8	21	48	96	6
15	60	72	22	36	27	50	48
16	44	50	8	30	14	18	88
35	99	60	30	10	132	120	36
40	28	12	20	3	0	88	18
16	15	55	30	55	56	18	16
108	70	22	144	24	77	66	63
60	72	21	72	10	27	110	32

PAGE 104

50	48	77	24	88	72	44	12
64	25	48	20	30	35	40	18
40	63	45	36	24	20	21	45
120	4	88	72	42	21	99	48
28	36	2	120	55	81	0	70
6	27	132	96	110	40	121	12
40	16	96	99	72	20	44	24
49	10	22	56	28	6	60	14

PAGE 105

48	32	14	56	15	81	84	144
16	18	42	44	36	25	72	35
120	108	8	33	27	44	70	16
60	64	6	72	33	36	48	18
66	40	18	10	0	24	56	12
90	10	50	9	77	100	22	21
14	110	32	28	54	24	20	84
99	40	80	77	21	12	70	40

PAGE 106

12	132	30	6	88	10	21	8
132	36	4	12	32	110	60	72
24	54	42	90	144	77	24	18
72	16	20	30	66	18	20	99
24	0	9	22	33	55	44	28
8	66	45	12	16	30	40	15
27	84	36	35	72	20	18	30
77	96	6	121	70	60	63	16

PAGE 107

96	30	12	35	100	48	36	18
132	40	6	48	63	55	22	40
30	42	18	80	20	24	30	64
54	45	10	48	72	121	72	15
88	66	24	84	80	25	44	132
0	55	44	33	12	120	14	60
28	27	24	48	33	108	20	42
144	90	12	50	15	90	36	70

PAGE 108

64	16	35	60	10	132	63	45
55	80	27	33	120	72	25	120
88	108	81	24	72	28	24	54
90	20	50	60	21	33	99	21
44	0	49	12	24	16	45	35
84	36	50	16	18	55	40	88
90	66	56	6	70	48	22	24
36	22	18	60	121	18	72	40

www.ingramcontent.com/pod-product-compliance
Lightning Source LLC
Chambersburg PA
CBHW081751100526
44592CB00015B/2376